工 程 力 学

主编　周玉丰　刘战涛

北京航空航天大学出版社

内 容 简 介

本书系根据高等职业教育有关工程力学教学内容和课程体系的改革计划而编写的教材,本着以"必须、够用"为度的原则,结合高等职业教育的特点,特别注意了理论知识与工程实际的结合。着重阐述工程力学的基本概念、基本原理,重视引导学生对基本技能和技巧的掌握,重点培养学生分析问题和解决实际问题的能力。

本书是高等职业教育机械类专业的技术基础课教材。内容涵盖了理论力学中的静力学和材料力学课程的基本内容,突出针对性、适用性和实用性,简化理论推导,力求深入浅出、通俗易懂、便于学习,每章都配有习题,书后还附有习题参考答案。

本书具有实用、简明、综合性强的特点,不仅可供高等职业教育机械类专业使用,也可作为社会职业教育培训用书,还可供各类学校相关专业师生和有关工程技术人员参考之用。

图书在版编目(CIP)数据

工程力学 / 周玉丰,刘战涛主编. -- 北京 :北京
航空航天大学出版社,2012.8
ISBN 978 - 7 - 5124 - 0856 - 2

Ⅰ.①工… Ⅱ.①周… ②刘… Ⅲ.①工程力学-高
等职业教育-教材 Ⅳ.①TB12

中国版本图书馆 CIP 数据核字(2012)第 140766 号

工程力学

主编 周玉丰 刘战涛
责任编辑 窦京涛 王国兴

*

北京航空航天大学出版社出版发行

北京市海淀区学院路 37 号(邮编 100191) http://www.buaapress.com.cn
发行部电话:(010)82317024 传真:(010)82328026
读者信箱: bhpress@263.net 邮购电话:(010)82316936
涿州市新华印刷有限公司印装 各地书店经销

*

开本:787×1 092 1/16 印张:11.25 字数:288 千字
2012 年 8 月第 1 版 2012 年 8 月第 1 次印刷 印数:3 000 册
ISBN 978 - 7 - 5124 - 0856 - 2 定价:25.00 元

前　言

　　工程力学是机电类专业的主要专业基础课,为了适应国家社会主义现代化对高职人才的要求,许多高职院校都在进行针对高职人才培养模式的相关课程改革,本教材也是在对工程力学课程改革的基础上编写的。

　　本教材针对普通高职学生的特点,结合多年的教学实践,兼顾土木工程、机械、材料等有关高职专业对工程力学课程的教学要求。

　　在内容的选材上,从高职教育及机械类专业的特点出发,以能力目标为主线,突出理论为应用服务,构建课程内容的总框架。着重阐述工程力学的基本概念、基本原理,重视引导学生对基本技能和技巧的掌握,重点培养学生分析问题和解决实际问题的能力。内容涵盖了理论力学中的静力学和材料力学课程的基本内容,突出针对性、适用性和实用性,简化理论推导,力求深入浅出、通俗易懂、便于学习,每章都配有习题,书后还附有习题参考答案。

　　全书分为八章,第一章静力学基础,第二章平面力系,第三章空间力系,第四章拉伸与压缩,第五章剪切和挤压的实用计算,第六章扭转,第七章直梁弯曲,第八章组合变形及压杆稳定。静力学部分主要介绍力学的基本概念和受力分析及力系平衡问题;材料力学部分主要介绍基本变形内力分析的方法、变形量的计算和基本变形构件的强度计算问题以及组合变形的强度计算。作为教材,书中适当增加各章的例题数量以便于学生自学,同时每章后附有习题并给出习题参考答案。

　　参考学时数 50～60 学时。

　　本书由四川信息职业技术学院的周玉丰、石家庄科技信息职业学院的刘战涛担任主编,郑州旅游职业学院李春明、濮阳职业技术学院逯云杰、重庆三峡职业学院曾文忠、邯郸职业技术学院陈春颖、四川信息职业技术学院张慧云担任副主编。参加编写的还有四川信息职业技术学院邹学汪、冯俊华。

　　本书可作为机电类、近机类等专业的教材用书。

　　由于编者水平有限,难免有疏漏及不当之处,恳请读者批评指正。

编　者

2012 年 5 月

目　　录

绪　　论

0.1　力学及工程力学的概念

0.1.1　力学及工程力学的概念

力学是研究物体机械运动一般规律的科学。

物体在空间的位置随时间的改变,称为机械运动。机械运动是人们生活和生产实践中最常见的一种运动。平衡是机械运动的特殊情况。

在客观世界中,存在着各种各样的物质运动,如发光、发热和发生电磁场等物理现象,化合和分解等化学变化以及人的思维活动等。在物质的各种运动形式中,机械运动是最简单的一种。各种物质的运动都是力学的研究对象。力学所阐述的物质机械运动规律,与数学、物理学科一样,是自然科学中的普遍规律。因此,力学是基础科学。同时,力学研究所揭示出的物质机械运动规律,在许多工程技术领域中可以直接获得应用,实际面对着工程,服务于工程。所以,力学又是技术科学。力学是工程技术学科重要的理论基础之一。工程技术发展过程中不断提出新的力学问题,力学的发展又不断应用于工程实际并推动其发展,两者有着十分密切的关系。从这个意义上说,力学是沟通自然科学基础理论和工程技术实践的桥梁。

工程力学是将力学原理应用于有实际意义的工程系统的科学,目的是了解工程系统的性态并为其设计提供合理的规则。

工程力学的发展与生产、科学研究紧密地联系着,我国历代劳动人民有很多发明创造,为人类社会的进步做出了杰出的贡献。工程力学在我国古代就有过辉煌的发展,如都江堰、长城、赵州桥的修建,表明很早以前,我国工程力学的水平就居于世界前列。中华人民共和国成立以来,社会主义建设事业取得了突飞猛进的发展,人造地球卫星的发射和回收中的力学课题的解决,表明了我国工程力学的水平已跃进了世界先进行列。21 世纪,现代机械向着高速、高效、精密的方向发展,许多高新技术工程如各种机械、设备和结构的设计,机器的自动控制和调节、新材料的研制和利用等,都对工程力学提出了许多迫切要求解决的问题,所以生产的发展推动了工程力学的发展,工程力学的发展又反过来促进了生产的发展。

同任何一门科学一样,工程力学的研究方法也遵循认识过程的客观规律。即从观察、实践和科学实验出发,经过分析、综合和归纳,总结出最为基本的概念和规律。在对事物观察和实验的基础上,经过抽象建立起力学模型,做出表征问题实质的科学假设,然后进行推理和数学分析,得出正确的具有实用意义的结论和定理,构成工程力学理论。然后再回到实际中去验证理论的正确性,并在更高的水平上指导实践,同时从这个过程中获得新的材料,这些材料的积累又为工程力学理论的完善和发展奠定了基础。

0.1.2 工程力学在工程实践中的应用

① 20 世纪以前,在力学知识的积累、应用和完善的基础上,逐渐形成和发展起来的蒸汽机、内燃机、铁路、桥梁、舰船、兵器等大型工业推动了近代科学技术和社会的进步。

② 20 世纪中,一些高科技及其在各工业领域的应用与力学特别是工程力学的指导密不可分。例如,高层建筑与大型桥梁(上海南浦大桥、澳门桥、长江三峡水利工程、荷兰拦海大坝等)。

③ 20 世纪产生的另一些高新技术虽然是在其他学科指导下产生和发展起来的,但也都对工程力学提出了各式各样、大大小小的问题。例如,计算机硬盘驱动器、雷达跟踪目标、舰载飞机在发动机和弹射器推力作用下从甲板上起飞等。

④ 非工业工程中的工程力学问题。例如,棒球在被球棒击打后其速度的大小和方向发生了变化、赛车起跑等。

0.2 工程力学的研究内容和任务

0.2.1 工程力学的任务

工程力学的任务是进行结构的受力分析,分析结构的几何组成规律,解决在荷载作用下结构的强度、刚度和稳定性问题,即解决结构和构件所受荷载与其自身的承载能力这一对基本矛盾。研究平面杆系结构的计算原理和方法,为结构设计合理的形式,其目的是保证结构按设计要求正常工作,并充分发挥材料的性能,使设计的结构既安全可靠又经济合理。

进行结构设计时,首先须知作用在结构和构件上的各种荷载。结构设计要求各构件必须按一定规律组合,以确保在荷载作用下结构的几何形状不发生改变,即进行结构的几何组成分析。

结构正常工作必须满足强度、刚度和稳定性的要求,即进行其承载能力计算。

强度是指结构和构件抵抗破坏的能力。满足强度要求即要使结构的各构件正常工作时不发生破坏。

刚度是指结构和构件抵抗变形的能力。满足刚度要求即要使结构或构件正常工作时产生的变形不超过允许范围。

稳定性是指结构或构件保持原有平衡状态的能力。满足稳定性要求即要使结构或构件在正常工作时不突然改变原有平衡状态,以致因变形过大而被破坏。

结构在安全正常工作的同时还应考虑经济条件,应充分发挥材料的性能,不至于产生过大的浪费,即设计结构的合理形式。

0.2.2 工程力学的内容

工程力学的内容包含以下几个部分:

（1）工程静力学

这是工程力学中重要的基础理论。其中，包括物体的受力分析、力系的简化与平衡、结构的组成规律、静定结构的内力分析等。

（2）杆件的承载能力计算

杆件的承载能力计算是结构承载能力计算的实质。其中，包括基本变形杆件的内力分析和强度、刚度计算，压杆稳定和组合变形杆件的强度、刚度计算。

（3）结构的内力分析

由此可按杆件承载力计算方法进行超静定结构的强度和刚度等计算。其中，包括研究静定结构的位移计算和求解超静定结构内力的基本方法（力法、位移法、力矩分配法和矩阵位移法等）。

0.2.3　工程力学的学习方法

工程力学是一门理论性实践性较强的技术基础课。学习工程力学，可以为解决工程问题打下一定的基础。同时工程力学与机械、土建等专业许多课程有密切联系，它以先修课程高等数学、物理等为基础，并为机械原理、机械零件、结构力学等其他技术基础课和专业课提供必要的理论基础和计算结果。学习工程力学可以为一系列后续课程的学习打下重要的基础。

工程力学的分析和研究方法在科学研究中具有一定的典型性，通过工程力学的学习，有助于培养学生的辩证唯物主义世界观，培养正确的分析问题和解决问题的能力，使学生在整个学习过程中，逐步形成正确的逻辑思维，在获取知识的同时，学到科学的思想方法，培养创新能力。

工程力学的学习方法较高等数学、物理有所不同，一定要有工程观点，如理论研究与实验分析相结合的观点等。掌握把复杂的研究对象抽象为简单力学模型的技巧，掌握数学推理的技巧，在学习中不仅要理解数学推导过程，更要理解推导的结果，这样才能使所学的知识融会贯通，扩充与延伸，做到理论联系实际。

工程力学是工科类专业主要的技术基础课，而且也是学生公认的一门比较难学的课程。该课程不但要求学生要正确理解基本概念，而且要求学生要学会用所学内容解决各种工程和生活中的各种力学问题。所以该课程要求学生具有较好的数学基础。另外，该课程还要求学生要有较强的自学能力，并演算相当数量的习题。

工程力学作为原"理论力学"和"材料力学"的融合，将研究两类机械运动：一类是研究物体受力以后的运动效应（主要研究平衡问题）；另一类是研究物体受力后的变形效应，研究作用在物体上的力和变形之间的关系，并研究产生的强度、刚度和稳定性问题。要求学生对两类机械运动（包括平衡）的规律有较系统的了解，掌握相关的基本概念、基本理论和基本方法及其应用。另外，结合本课程的学习对学生的逻辑思维能力、抽象化能力、文字和图像表达能力、数字计算能力等加以培养。

根据教学经验，学生在学习本课程的以下内容时会感到比较困难：

① 物体系统的受力分析和受力图。

② 力偶的概念和等效。

③ 应用各种类型的平衡条件及平衡方程求解物体系的平衡问题,尤其是考虑摩擦的临界问题。

④ 摩擦角的概念及应用。

⑤ 各种基本变形的变形特点、应力和应变的概念,尤其是各种变形情况下应力和应变的计算及力学含义的理解。

⑥ 复杂载荷下弯矩图和剪力图的绘制。特别是有分布荷载作用的情况。

⑦ 弯曲剪应力的计算。

⑧ 强度理论的应用。

⑨ 组合变形的计算。

要学好该课程,除了认真听课和复习外,需要做够一定量的习题。只有通过大量的习题练习,才能真正掌握力学的基本概念和求解具体问题。除了课堂上布置的习题外,还可以参阅各种习题解答,从而提高自己解题的能力。所以学生要在课下花费较多的时间和精力。另外,在学习和做习题时,同学间一起讨论是个不错的办法。

第1章   静力学基础

本章要点

● 掌握力、刚体、平衡和约束的概念。
● 掌握静力学公理。
● 掌握约束的基本特征及约束反力的画法。
● 掌握单个物体与物体系统的受力分析及受力图。
● 掌握力多边形法则及平面汇交力系合成与平衡的几何条件。

▌▌ 1.1   静力学的基本概念 ▌▌

1.1.1   力的概念

力的概念产生于人类从事的生产劳动当中。当人们用手握、拉、掷及举起物体时,由于肌肉紧张而感受到力的作用,这种作用广泛存在于人与物及物与物之间。例如,奔腾的水流能推动水轮机旋转,锤子的敲打会使烧红的铁块变形等。

1. 力的定义

力是物体之间相互的机械作用,这种作用将使物体的机械运动状态发生变化,或者使物体产生变形。前者称为力的**外效应**;后者称为力的**内效应**。

2. 力的三要素

实践证明,力对物体的作用效应,决定于力的**大小**、**方向**(包括方位和指向)和**作用点的位置**,这三个因素就称为**力的三要素**。在这三个要素中,如果改变其中任何一个,也就改变了力对物体的作用效应。例如:用扳手拧螺母时,作用在扳手上的力,因大小不同或方向不同或作用点不同,它们产生的效果就不同(见图 $1-1(a)$)。

3. 力的性质

力是一个既有大小又有方向的量,而且满足矢量的运算法则,因此力是矢量(或称向量)。矢量常用一个带箭头的有向线段来表示(见图 $1-1(b)$),线段长度 AB 按一定比例代表力的大小,线段的方位和箭头表示力的方向,其起点或终点表示力的作用点。此线段的延伸称为力的作用线。用黑体字 $\boldsymbol{F}$ 代表力矢,并以同一字母的非黑体字 F 代表该矢量的模(大小)。

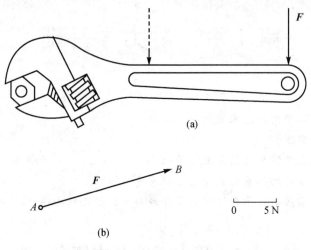

图 1 - 1　力的表示法

4. 力的单位

力的国际制单位是牛[顿]或千牛[顿],其符号为 N 或 kN。

1.1.2　力系的有关概念

物体处于平衡状态时,作用于该物体上的力系称为**平衡力系**。力系平衡所满足的条件称为**平衡条件**。如果两个力系对同一物体的作用效应完全相同,则称这两个力系互为**等效力系**。当一个力系与一个力的作用效应完全相同时,把这个力称为该力系的**合力**,而该力系中的每一个力称为合力的**分力**。

必须注意,等效力系只是不改变原力系对于物体作用的外效应,至于内效应显然将随力的作用位置等的改变而有所不同。

1.1.3　刚体的概念

所谓**刚体**是指在受力状态下保持其几何形状和尺寸不变的物体。显然,这是一个理想化的模型,实际上并不存在这样的物体。但是,工程实际中的机械零件和结构构件,在正常工作情况下所产生的变形,一般都是非常微小的,这样微小的变形对于研究物体的外效应的影响极小,可以忽略不计。当然,在研究物体的变形问题时,就不能把物体看作是刚体,否则会导致错误的结果,甚至无法进行研究。

1.2　静力学公理

人们在长期的生活和生产实践中,发现和总结出一些最基本的力学规律,又经过实践的反复检验,证明是符合客观实际的普遍规律,于是就把这些规律作为力学研究的基本出发点,这些规律称为静力学公理。

公理 1　二力平衡公理

当一个刚体受两个力作用而处于平衡状态时,其充分与必要的条件是:这两个力大小相等,作用于同一直线上,且方向相反(见图 1 - 2)。

这个公理揭示了作用于物体上的最简单的力系在平衡时所必须满足的条件,它是静力学中最基本的平衡条件。

只受两个力作用而平衡的物体称为二力体。机械和建筑结构中的二力体常常统称为"二力构件"。它们的受力特点是:两个力的方向必在二力作用点的连线上。

应用二力体的概念,可以很方便地判定结构中某些构件的受力方向。如图 1 - 3 所示的三铰拱中的 AB 部分,当车辆不在该部分上且不计自重时,它只可能通过 A、B 两点受力,是一个二力构件,故 A、B 两点的作用力必沿 AB 连线的方向。

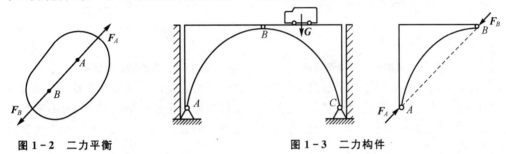

图 1 - 2　二力平衡　　　　　　　　　图 1 - 3　二力构件

公理 2　加减平衡力系公理

在刚体的原有力系中,加上或减去任一平衡力系,不会改变原力系对刚体的作用效应。

这一公理的正确性是显而易见的,因为一个平衡力系不会改变物体的原有状态。这个公理常被用来简化某一已知力系。依据这一公理,可以得出一个重要推论:

推论　力的可传性原理

作用于刚体上的力可以沿其作用线移至刚体内任一点,而不改变原力对刚体的作用效应。

例如,图 1 - 4 中在车后 A 点加一水平力推车,与在车前 B 点加一水平力拉车,其效果是一样的。应当指出,力的可传性原理只适用于刚体,对变形体不适用。

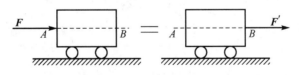

图 1 - 4　力的可传性

公理 3　力的平行四边形法则

作用于物体同一点的两个力可以合成为一个合力,合力也作用于该点,其大小和方向由以这两个力为邻边所构成的平行四边形的对角线所确定,即合力矢等于这两个分力矢的矢量和(见图 1 - 5),其矢量表达式为

$$F_R = F_1 + F_2 \tag{1-1}$$

从图 1-6 可以看出,在求合力时,实际上只须画出力的平行四边形的一半,即一个三角形就行了。为了使图形清晰起见,通常把这个三角形画在力所作用的物体之外。如图 1-6(a)所示,其方法是自任意点 O 先画出一力矢 F_1,然后再由 F_1 的终点画一力矢 F_2,最后由 O 点至力矢 F_2 的终点做一矢量 F_R,它就代表 F_1、F_2 的合力。这种作图方法称为**力的三角形法则**。在作力三角形时,必须遵循这样一个原则,即分力力矢首尾相接,但次序可变,如图 1-6(b)所示,合力力矢与最后分力箭头相接。此外还应注意,力三角形只表示力的大小和方向,而不表示力的作用点或作用线。

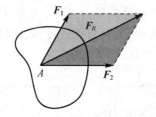
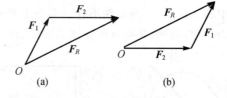

图 1-5　力的平行四边形法则　　　　图 1-6　力的三角形法则

力的平行四边形法则总结了最简单的力系简化规律,它是较复杂力系合成的主要依据。

力的分解是力的合成的逆运算,因此也是按平行四边形法则来进行的,但为不定解。在工程实际中,通常是分解为方向互相垂直的两个分力。例如,在进行直齿圆柱齿轮的受力分析时,常将齿面的法向正压力 F_n 分解为推动齿轮旋转的即沿齿轮分度圆圆周切线方向的分力——圆周力 F_t,指向轴心的压力——径向力 F_r,如图 1-7 所示。若已知 F_n 与分度圆圆周切向所夹的压力角为 α,则有

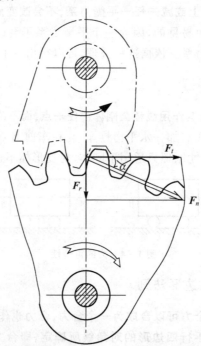

图 1-7　直齿圆柱齿轮的受力分析

$$F_t = F_n \cos \alpha \qquad F_r = F_n \sin \alpha$$

运用公理 2,公理 3 可以得到下面的推论:

物体受三个力作用而平衡时,此三个力的作用线必汇交于一点。此推论称为三力平衡汇交定理。读者可自行证明。

公理 4 作用与反作用定律

两个物体间的作用力与反作用力总是大小相等,方向相反,作用线相同,并分别作用于这两个物体。

这个公理概括了自然界的物体相互作用的关系,表明了作用力和反作用力总是成对出现的。

必须强调指出,作用力和反作用力是分别作用于两个不同的物体上的,因此,绝不能认为这两个力相互平衡,这与两力平衡公理中的两个力有着本质上的区别。

工程中的机械都是由若干个物体通过一定的形式的约束组合在一起,称为物体系统,简称物系。物系外的物体与物系之间的作用力称为外力,而物系内部物体间的相互作用力称为内力。内力总是成对出现且等值、反向、共线,对物系而言,内力的合力恒为零。故内力不会改变物系的运动状态。但内力与外力的划分又与所取物系的范围有关,随所取对象的范围不同,内力与外力是可以互相转化的。

公理 5 刚化原理

变形体在某一力系作用下处于平衡,如将此变形体变成刚体(刚化为刚体),则平衡状态保持不变。

公理 5 告诉我们:处于平衡状态的变形体,可用刚体静力学的平衡理论来研究。

1.3 约束和约束反力的概念及类型

工程中的机器或者结构,都是由许多零部件组成的,这些零部件通过一定的形式相互连接。因此,它们的运动必然互相牵连和限制。如果从中取出一个物体作为研究对象,则它的运动当然也会受到与它连接或接触的周围其他物体的限制。也就是说,它是一个运动受到限制或约束的物体,称为**被约束体**。

那些限制物体某些运动的条件,称为约束。这些限制条件总是由被约束体周围的其他物体构成的。为方便起见,构成约束的物体常称为约束。约束限制了物体本来可能产生的某种运动,故约束有力作用于被约束体,这种力称为**约束反力**。

限制被约束体运动的周围物体称为约束。**约束反力总是作用在被约束体与约束体的接触处,其方向也总是与该约束所能限制的运动或运动趋势的方向相反。**据此,即可确定约束反力的位置及方向。

1.3.1 柔索约束

由绳索、胶带、链条等形成的约束称为柔索约束。这类约束只能限制物体沿柔索伸长方向的运动,只能受拉而不能受压,即只能限制物体沿绳索伸长方向的运动(限制离开约束),因此它对物体只有**沿柔索方向的拉力**,如图1-8、图1-9所示,常用符号为F_T。当柔索绕过轮子时,常假想在柔索的直线部分处截开柔索,将与轮接触的柔索和轮子一起作为考察对象。这样处理,就可不考虑柔索与轮子间的内力,这时作用于轮子的柔索拉力沿轮缘的切线方向(见图1-9(b))。

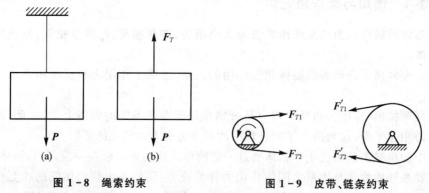

图1-8 绳索约束   图1-9 皮带、链条约束

1.3.2 光滑面约束

当两物体直接接触,并可忽略接触处的摩擦时,约束只能限制物体在接触点沿接触面的公法线方向约束物体的运动,不能限制物体沿接触面切线方向的运动,故约束反力必**过接触点沿接触面法向并指向被约束体**,简称法向压力,通常用F_N表示。图1-10分别为光滑曲面对刚体球的约束和齿轮传动机构中齿轮轮齿的约束。

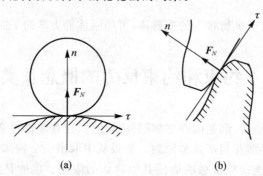

图1-10 约束反力方向

图1-11为直杆与方槽在A、B、C三点接触,三处的约束反力沿二者接触点的公法线方向作用。

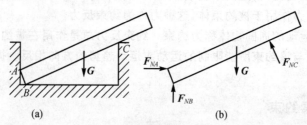

图1-11 直杆受到的约束反力

1.3.3 光滑铰链约束

铰链是工程上常见的一种约束,它是在两个钻有圆孔的构件之间采用圆柱定位销所形成的连接,如图 1-12 所示。门所用的活页、铡刀与刀架、起重机的动臂与机座的连接等,都是常见的铰链连接。

铰链限制杆件在平面内任何方向的移动,但不限制杆件绕铰链中心转动。一般认为销钉与构件光滑接触,所以这也是一种光滑表面约束,约束反力应通过接触点 K 沿公法线方向(通过销钉中心)指向构件,如图 1-13(a)所示。但实际上很难确定 K 的位置,因此反力 F_N 的方向无法确定。**所以,这种约束反力通常是用两个通过铰链中心的大小和方向未知的正交分力 F_x、F_y 来表示**,两分力的指向可以任意设定,如图 1-13(b)所示。

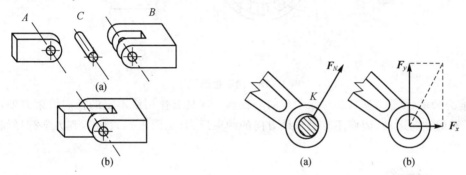

图 1-12 铰链   图 1-13 铰链的约束反力

这种约束在工程上应用广泛,可分为以下 3 种类型:

1. 固定铰支座

固定铰支座用于将构件和基础连接,如桥梁的一端与桥墩连接,如图 1-14(a)所示,图 1-14(b)是这种约束的简图。

2. 滚动铰支座

在桥梁、屋架等结构中,除了使用固定铰支座外,还常使用一种放在几个圆柱形滚子上的铰链支座,这种支座称为滚动铰支座,也称为辊轴支座,它的构造如图 1-15 所示。由于辊轴的作用,被支承构件可沿支承面的切线方向移动,只限制杆件沿支承面的垂直方向的运动,不限制沿支承面平行的方向的运动,当然也不限制绕中心转动。**故其约束反力的方向只能在滚子与地面接触面的公法线方向。**

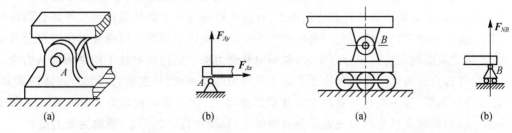

图 1-14 固定铰支座   图 1-15 滚动铰支座

1.3.4 轴承约束

轴承约束是工程中常见的支承形式,它的约束反力的分析方法与铰链约束相同。

① 支承传动轴的向心轴承(见图 1-16(a)),也是一种固定铰支座约束,其力学符号如图1-16(b)所示。

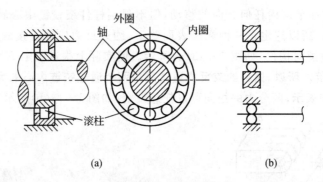

外圈　轴　内圈

滚柱

(a)　　　　　　　　(b)

图 1-16　向心轴承

② 推力轴承(见图 1-17(a))除了与向心轴承一样具有作用线不定的径向约束力外,由于限制了轴的轴向运动,因而还有沿轴线方向的约束反力(见图 1-17(b)),其力学符号如图1-17(c)所示。

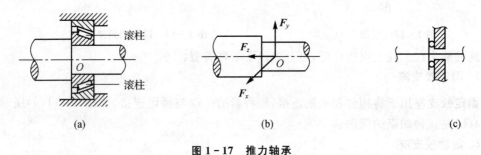

滚柱

滚柱

(a)　　　　　　　　(b)　　　　　　　　(c)

图 1-17　推力轴承

1.4　物体的受力分析和受力图

在解决实际工程问题时,需要根据已知力,利用相应平衡条件,求出未知力。

为此,需要根据已知条件和待求的力,有选择地研究某个具体构件或构件系统的运动或平衡。这一被确定要具体研究的构件或构件系统称为**研究对象**。对研究对象进行分析研究时,要将它从周围的物体中分离出来,并画出其**受力图**。这种因解除了约束而被认为是自由体的构件称为**分离体**。作用在物体上的力可分为两类:一类是**主动力**,例如,物体的重力、风力、气体压力等;另一类是约束对于物体的约束反力,为未知的**被动力**。将分离体上所受的全部主动力和约束反力以力矢表示在分离体上,如此所得到的图形,就称为受力图。

恰当地选取研究对象,正确地画出构件的受力图是解决力学问题的关键。

画受力图的具体步骤如下:

① 明确研究对象,画出分离体;

② 在分离体上画出全部主动力;

③ 在分离体上画出全部约束反力。

【例 1－1】　重力为 P 的圆球放在板 AC 与墙壁 AB 之间,如图 1－18(a)所示。设板 AC 的重力不计,试画出板与球的受力图。

解:先取球为研究对象,做出简图。球上主动力 P,约束反力有 F_{ND} 和 F_{NE},均属光滑面约束的法向反力。受力图如图 1－18(b)所示。

再取板作研究对象。由于板的自重不计,故只有 A、C、E 处的约束反力。其中 A 处为固定铰支座,其反力可用一对正交分力 F_{Ax}、F_{By} 表示;C 处为柔索约束,其反力为拉力 F_T;E 处的反力为法向反力 F'_{NE},要注意该反力与球在该处所受反力 F_{NE} 为作用与反作用的关系。受力图如图 1－18(c)所示。

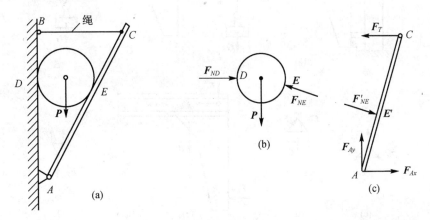

图 1－18　作圆球和板的受力图

【例 1－2】　图 1－19(a)是曲柄滑块机构,图 1－19(d)是凸轮机构,请分别画出滑块及推杆的受力图,并进行比较。

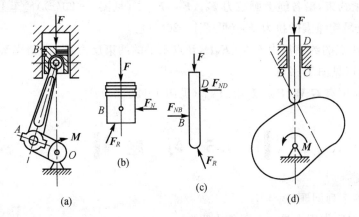

图 1－19　作受力图并比较

解:分别取滑块、推杆为分离体,画出它们的主动力和约束反力,其受力图如图 1－19(b)、(c)所示。

滑块上作用的主动力 F 与 F_R 的交点在滑块与滑道接触长度范围以内,其合力使滑块单面靠紧滑道,故产生一个与约束面相垂直的反力 F_N,F、F_R、F_N 三力汇交。

推杆上的主动力 F、F_R 的交点在滑道之外,其合力使推杆倾斜而导致 B、D 两点接触,故有约束反力 F_{NB}、F_{ND}。

【例1-3】 图1-20(a)所示为一起重机支架,已知支架重量 W、吊重 G。试画出重物、吊钩、滑车与支架以及物系整体的受力图。

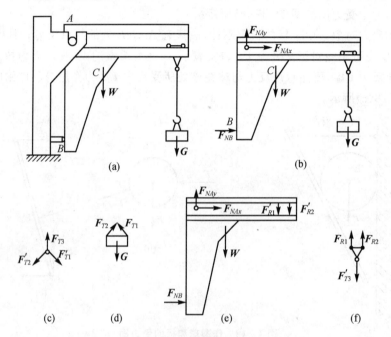

图1-20 起重机支架

解: 重物上作用有重量 G 和吊钩沿绳索的拉力 F_{T1}、F_{T2}(见图1-20(d))。

吊钩受绳索约束,沿各绳上画拉力 F'_{T1}、F'_{T2},F_{T3}。(见图1-20(c))滑车上有钢梁的约束反力 F_{R1}、F_{R2} 及吊钩绳索的拉力 F'_{T3}(见图1-20(f))。

支架上有 A 点的约束反力 F_{NAx}、F_{NAy},B 点水平的约束反力 F_{NB} 及滑车滚轮的压力 F'_{R1}、F'_{R2},支架自重 W(见图1-20(e))。

整个物系作用有 G、W、F_{NB}、F_{NAx}、F_{NAy}(见图1-20(b))。

1.5 习 题

1-1 回答下列问题:

① 作用力与反作用力是一对平衡力吗?

② 题1-1图(a)中三铰拱架上的作用力 F,可否依据力的可传性原理把它移到 D 点?为什么?

③ 二力平衡条件、加减平衡力系原理能否用于变形体?为什么?

④ 只受两个力作用的构件称为二力构件,这种说法对吗?

⑤ 确定约束反力方向的基本原则是什么?

⑥ 等式 $\boldsymbol{F}=\boldsymbol{F}_1+\boldsymbol{F}_2$ 与 $F=F_1+F_2$ 的区别何在?

⑦ 题 1-1 图(b)、(c)中所画出的两个力三角形各表示什么意思?二者有什么区别?

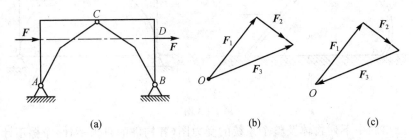

(a) (b) (c)

题 1-1 图

1-2 画出下列物体系中每个刚体的受力图。设接触面都是光滑的,没有画重力矢的物体都不计重力。

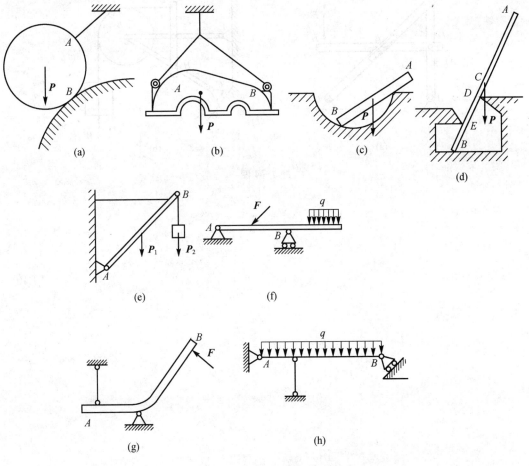

题 1-2 图

1-3 试分别画出图示结构中 AB 与 BC 的受力图。

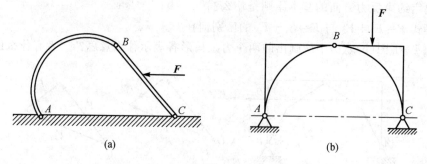

(a)   (b)

题 1-3 图

1-4 画出图中下列物体及整个系统的受力图（各构件的自重不计，摩擦不计）：

① 图(a)中的杆 DH、BC、AC 及整个系统。

② 图(b)中的杆 DH、AB、CB 及整个系统。

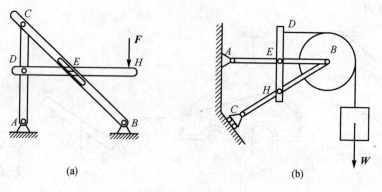

(a)   (b)

题 1-4 图

第 2 章　平面力系

本章主要介绍平面力系的简化与平衡问题,以及平面状态下物系平衡问题的解法。

按照力系中各力的作用线是否在同一平面内,可将力系分为平面力系和空间力系。若各力作用线都在同一平面内并汇交于一点,则此力系称为平面汇交力系。按照由特殊到一般的认识规律,先研究平面汇交力系的简化与平衡规律。

本章要点

● 能正确地将力沿坐标轴分解和求力在坐标轴上的投影,对合力投影定理及力对点之矩应有清晰的理解,并能熟练地计算。

● 深入理解力偶和力偶矩的概念,明确平面力偶的性质和平面力偶的等效条件。

● 掌握平面任意力系向一点简化的方法,会应用解析法求主矢和主矩,熟知平面任意力系简化的结果。

● 深入理解平面力系的平衡条件及平衡方程的三种形式。

● 能熟练地计算在平面任意力系作用下物体和物体系统的平衡问题。

● 正确理解静定与静不定的概念,会判断物体系统是否静定。

● 掌握滑动摩擦、摩擦角和自锁。

● 考虑滑动摩擦时的平衡问题。

2.1　平面汇交力系合成与平衡的几何法

2.1.1　平面汇交力系合成的几何法

1. 两个共点力合成的几何法

两个共点力的合力的大小和方向可以由力的平行四边形法则求出(见图 2-1(a)),也可用力三角形法则来求(见图 2-1(b))。

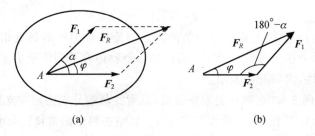

(a)　　　　　　　　　　(b)

图 2-1　力的平行四边形法则

由余弦定理求合力的大小

$$F_R = \sqrt{F_1^2 + F_2^2 + 2F_1F_2\cos\alpha} \qquad\qquad (2-1)$$

由正弦定理确定合力方向

$$\frac{F_1}{\sin \varphi} = \frac{F_R}{\sin(180-\alpha)} \tag{2-2}$$

2. 任意个共点力合成的几何法

运用力多边形法则求合力。如图 2-2(a)所示,设有平面共点力系 F_1、F_2、F_3、F_4 作用于点 O,求力系的合力。为此,连续应用力的平行四边形法则,可将平面共点力系合成为一个力。在图 2-2(b)中,先合成力 F_1 与 F_2(图中未画出力平行四边形),可得力 F_{R1},即 $F_{R1} = F_1 + F_2$;再将 F_{R1} 与 F_3 合成为力 F_{R2},即 $F_{R2} = F_{R1} + F_3$;依此类推,最后可得

$$F_R = F_1 + F_2 + \cdots + F_n = \sum F_i \tag{2-3}$$

式中,F_R 即是该力系的合力。

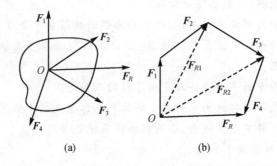

图 2-2 力多边形法则

所以:**平面汇交力系的合力等于各分力的矢量和,合力的作用线通过各力的汇交点。**

注意:① 任意改变各分力的相接次序,可以得到不同形状的力多边形,但合力的大小和方向保持不变;②几何法做图时,必须按比例、按各力的方向,所得结果也按原比例和所得方向;③ 力多边形矢序规则:各分力矢必须首尾相接,并绕同一方向;而合力则与各分力相反转向。

2.1.2 平面汇交力系平衡的几何条件

平面汇交力系可以用一个合力来代替,因此,平面汇交力系平衡的充要条件是:**力系的合力等于零。** 即

$$F_R = \sum F_i = 0 \tag{2-4}$$

这时,其力多边形的特点是:最后一个力矢的终点与第一个力矢的起点相重合,即封闭边为零,合力为零意味着力多边形自行封闭。若已知一个物体在平面汇交力系作用下处于平衡,就可以应用平衡条件,求解其中未知量。

【例 2-1】 如图 2-3 运输用的架空索道,钢索的两端分别固定在支架的 A 端和 B 端,如图所示。设钢索 ACB 长为 $2l$,最大垂度为 h。如略去钢索的重量以及滑车 C 沿钢索的摩擦,试求当重为 P 的载荷停留在跨度中间时钢索的张力。

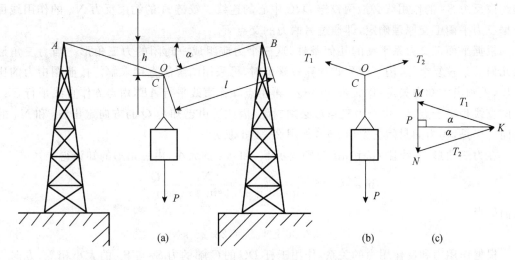

图 2-3 求钢索的张力

解：选取滑车为研究对象。它受三个力作用：重力 P 和左、右钢索的拉力 T_1、T_2。这三个力的作用线相交于点 C，组成一平面汇交力系。根据平面汇交力系平衡的几何条件，这三个力 P、T_1 和 T_2 应组成封闭的力三角形。作力三角形的步骤如下：

① 选取适当的比例尺，先作铅直的线段 MN 代表力矢量 P。

② 再从点 M 和 N 分别作平行于力矢量 T_1 和 T_2 的两条直线段 MK 和 NK，它们相交于点 K。于是 MK 和 NK 两线段的长度表示力矢量 T_1 和 T_2 的大小。

③ 根据力三角形封闭时各力矢量必须依次首尾相接的规则，可由已知力矢量 P 的方向定出 T_1 和 T_2 的指向。从图中可知，力三角形是一个等腰三角形。应用三角形公式，求得：$\sin\alpha=\dfrac{MN/2}{MK}=\dfrac{h}{l}$，又：$\sin\alpha=\dfrac{P/2}{T_1}$，故得：$T_1=T_2=\dfrac{Pl}{2h}$，由上式可知，垂度 h 越小，钢索的张力越大。当 $h\to0$ 时，$T\to\infty$。说明在架索道时不可以将钢索拉成一条直线。

【例 2-2】 如图 2-4(a)所示，支架中的横梁 AB 与斜杆 DC 彼此以铰链 C 相联接，并各以铰链 A、D 连接于铅直墙上。已知 $AC=CB$；杆 DC 与水平成 45°角；载荷 $Q=10$ kN，作用于 B 处。设梁和杆的重量忽略不计，求铰链 A 的约束反力和杆 DC 所受的力。

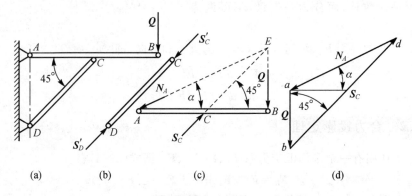

图 2-4 支架

解：选横梁 AB 为研究对象，横梁在 B 处受载荷 Q 作用。DC 为二力杆，它对横梁 C 处

的约束反力 S_C 的作用线必沿两铰链 D、C 中心的连线。铰链 A 的约束反力 N_A 的作用线可根据三力平衡汇交原理确定,即通过另两力的交点 E。

根据平面汇交力系平衡的几何条件,这三个力应组成一封闭的力三角形。当力三角形的几何关系较复杂,运用三角公式计算较繁琐时,可采用图解法直接求解。按照图中力的比例尺,先画出已知力矢量,作矢量 $ab=Q$。再由点 a 作直线平行 AE,由点 b 作直线平行 CE,这两直线相交于点 d。由于力三角形必须封闭,因此可由已知力 Q 的方向定出 S_C 和 N_A 的指向。于是,得力的封闭三角形 abd,如图 $2-4$(d)所示。

在力三角形中,线段 bd 和 ad 分别表示 S_C 和 N_A 的大小,由三角形的知识得

$$\sin \alpha = \sqrt{5}/5, \frac{S_C}{\sin(90°+\alpha)} = \frac{N_A}{\sin 45°} = \frac{Q}{\sin \beta}$$

从而解得

$$N_A = 22.36 \text{ kN}, S_C = 28.28 \text{ kN}$$

根据作用力和反作用力的关系,作用于杆 DC 的 C 端的力 S'_C 与 S_C 的大小相等,方向相反。由此可知杆 DC 受压力。

2.2　平面汇交力系合成与平衡的解析法

2.2.1　力在坐标轴上的投影

如图 $2-5$ 所示,$\boldsymbol{F}$ 在 x 轴和 y 轴上的投影分别计做 F_x、F_y,若已知 $\boldsymbol{F}$ 的大小及其与 x 轴所夹的锐角 α,则力 $\boldsymbol{F}$ 在坐标轴上的投影可按下式计算:

$$F_x = F\cos \alpha, \quad F_y = F\sin \alpha \qquad (2-5)$$

如将 $\boldsymbol{F}$ 沿坐标轴方向分解,所得分力 $\boldsymbol{F}_x$、$\boldsymbol{F}_y$ 的值与在同轴上的投影 F_x、F_y 相等。但须注意,力在轴上的投影是代数量,而分力是矢量,不可混为一谈。

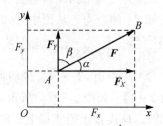

图 $2-5$　力在平面直角坐标轴上的投影

若已知力 $\boldsymbol{F}$ 的投影 F_x、F_y 值,可求出 $\boldsymbol{F}$ 的大小和方向,即

$$\left.\begin{array}{l} F = \sqrt{F_x^2 + F_y^2} \\ \tan \alpha = |F_y/F_x| \end{array}\right\} \qquad (2-6)$$

2.2.2　合力投影定理

设刚体上作用有一个平面汇交力系 $\boldsymbol{F}_1$、$\boldsymbol{F}_2$、$\cdots$、$\boldsymbol{F}_n$,据式(2-4)有

$$\boldsymbol{F}_R = \boldsymbol{F}_1 + \boldsymbol{F}_2 + \cdots + \boldsymbol{F}_n = \sum \boldsymbol{F}$$

将上式两边分别向 x 轴和 y 轴投影,如图 $2-6$ 所示,即有

$$F_{Rx}=F_{1x}+F_{2x}+\cdots+F_{nx}=\sum F_x \atop F_{Ry}=F_{1y}+F_{2y}+\cdots+F_{ny}=\sum F_y} \qquad (2-7)$$

式(2-7)即为合力投影定理:**力系的合力在某轴上的投影,等于力系中各力在同一轴上投影的代数和。**

若进一步按式(2-7)运算,即可求得合力的大小及方向,即

$$F_R=\sqrt{(\sum F_x)^2+(\sum F_y)^2} \atop \tan\alpha=|\sum F_y/\sum F_x|} \qquad (2-8)$$

2.2.3 平面汇交力系的平衡方程

图 2-6 合力投影定理

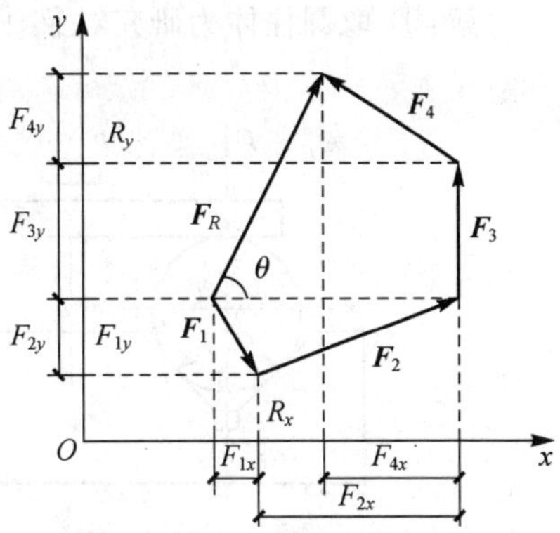

从前述可知:**平面汇交力系平衡的必要与充分条件是该力系的合力为零。**

$$F_R=\sqrt{(\sum F_x)^2+(\sum F_y)^2}=0$$

于是可得

$$\sum F_x=0 \atop \sum F_y=0} \qquad (2-9)$$

式(2-9)为平衡的充要条件,也叫平衡方程。即力系中所有力在任选两个坐标轴上投影的代数和均为零。上面两式是平面汇交力系平衡方程。平面汇交力系的平衡方程有两个独立式子,用它可求解未知量不多于两个的平面汇交力系的平衡问题。

【例 2-3】 一固定于房顶的吊钩上有三个力 F_1、F_2、F_3,其数值与方向如图 2-7 所示。用解析法求此三力的合力。

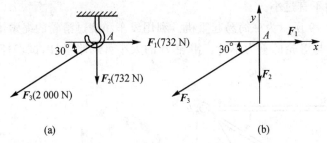

| (a) | (b) |

图 2-7 吊 钩

解:建立直角坐标系 Axy,并应用式(2-7),求出

$$F_{Rx}=F_{1x}+F_{2x}+F_{3x}=732\ \text{N}+0-2\ 000\ \text{N}\times\cos 30°=-1\ 000\ \text{N}$$

$$F_{Ry}=F_{1y}+F_{2y}+F_{3y}=0-732\ \text{N}-2\ 000\ \text{N}\times\sin 30°=-1\ 732\ \text{N}$$

再按式(2-8)得

$$F_R=\sqrt{(\sum F_x)^2+(\sum F_y)^2}=2\ 000\ \text{N}$$

$$\tan\alpha=|\sum F_y/\sum F_x|=1.732$$

$$\alpha=60°$$

【例 2-4】 如图 2-8 所示,一圆柱体放置于夹角为 α 的 V 型槽内,并用压板 D 夹紧。已知压板作用于圆柱体上的压力为 F。试求槽面对圆柱体的约束反力。

解:① 取圆柱体为研究对象,画出其受力图如图 2-8(b)所示。

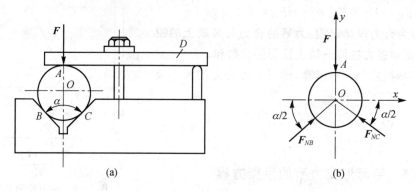

图 2-8 压板压工件

② 选取坐标系 xOy。

③ 列平衡方程式求解未知力,由公式(2-9)得

$$\sum F_x=0, \quad F_{NB}\cos\frac{\alpha}{2}-F_{NC}\cos\frac{\alpha}{2}=0 \tag{a}$$

$$\sum F_y=0, \quad F_{NB}\sin\frac{\alpha}{2}-F_{NC}\sin\frac{\alpha}{2}-F=0 \tag{b}$$

由式(a)得

$$F_{NB}=F_{NC}$$

由式(b)得

$$F_{NB}=F_{NC}=\frac{F}{2\sin\frac{\alpha}{2}}$$

④ 讨论。由结果可知,F_{NB} 与 F_{NC} 均随几何角度 α 而变化,角度 α 越小,则压力 F_{NB} 或 F_{NC} 就越大,因此,α 角不宜过小。

【例 2-5】 图 2-9 所示为一简易起重机。利用绞车和绕过滑轮的绳索吊起重物,其重力 $G=20$ kN,各杆件与滑轮的重力不计。滑轮 B 的大小可忽略不计,试求杆 AB 与 BC 所受的力。

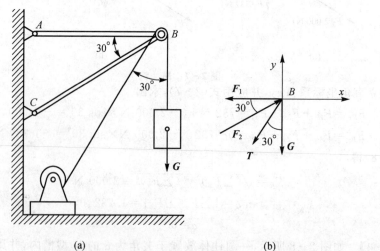

图 2-9 简易起重机

解：① 取节点 B 为研究对象，画其受力图，如图 2-9(b)所示。由于杆 AB 与 BC 均为两力构件，对 B 的约束反力分别为 F_1 与 F_2，滑轮两边绳索的约束反力相等，即 $T=G$。

② 选取坐标系 xBy。

③ 列平衡方程式求解未知力。

$$\sum F_x = 0,\ F_2 \cos 30° - F_1 - T \sin 30° = 0 \tag{a}$$

$$\sum F_y = 0,\ F_2 \sin 30° - T \cos 30° - G = 0 \tag{b}$$

由式(b)得 $\qquad\qquad\qquad F_2 = 74.6\ \text{kN}$

代入式(a)得 $\qquad\qquad\qquad F_1 = 54.6\ \text{kN}$

由于此两力均为正值，说明 F_1 与 F_2 的方向与图示一致，即 AB 杆受拉力，BC 杆受压力。

2.3　力对点之矩与合力矩定理

2.3.1　力对点之矩

从实践中知道，力的外效应作用可以产生移动和转动两种效应。由经验可知，力使物体转动的效果不仅与力的大小和方向有关，还与力的作用点（或作用线）的位置有关。例如，用扳手拧螺母时（见图 2-10），螺母的转动效应除与力 F 的大小和方向有关外，还与点 O 到力作用线的距离 h 有关。距离 h 越大，转动的效果就越好，且越省力，反之则越差。显然，当力的作用线通过螺母的转动中心时，则无法使螺母转动。

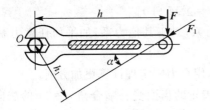
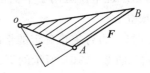

图 2-10　扳手拧螺母　　　　　图 2-11　力矩的计算

可以用力对点的矩这样一个物理量来描述力使物体转动的效果。其定义为：力 F 对某点 O 的矩等于力的大小与点 O 到力的作用线的距离 h 的乘积。记作

$$M_o(\boldsymbol{F}) = \pm Fh \tag{2-10}$$

式中，点 O 称为矩心，h 称为力臂，Fh 表示力使物体绕点 O 转动效果的大小，而正负号则表明 $M_o(\boldsymbol{F})$ 是一个代数量，可以用正负号来描述物体的转动方向。通常规定：使物体逆时针方向转动的力矩为正，反之为负。力矩的单位是牛[顿]·米（N·m）。

根据定义，图 2-10 所示的力 F_1 对点 O 的矩为

$$M_o(\boldsymbol{F}_1) = -F_1 h_1 = -F_1 h \sin \alpha$$

由定义知：力对点的矩与矩心的位置有关，同一个力对不同点的矩是不同的。因此，对力矩要指明矩心。

从几何上看，力 F 对点 O 的矩在数值上等于三角形 OAB 面积的两倍，如图 2-11 所示。

力对点的矩在两种情况下等于零：①力为零；②力臂为零，即力的作用线通过矩心。前述扳手通过螺母中心的情况即属于第②种情况。

2.3.2 合力矩定理

在计算力系的合力对某点的矩时，除根据力矩的定义计算外，还常用到**合力矩定理**，即：**平面汇交力系的合力对平面上任一点之矩，等于所有各分力对同一点力矩的代数和。**

证明： 如图 2-12 所示，设力 F_1、F_2 作用于刚体上的 A 点，其合力为 F_R，任取一点 O 为矩心，过 O 作 OA 之垂线为 x 轴，并过各力矢端 B、C、D 向 x 轴引垂线，得垂足 b、c、d，按投影法则有

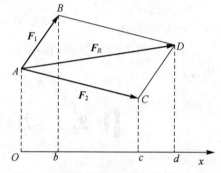

图 2-12 合力矩定理

$$Ob = cd = F_{1x}, \quad Oc = F_{2x}, \quad Od = F_{Rx}$$

按合力投影定理有

$$Od = Ob + Oc$$

各力对 O 点之矩，可用力与矩心所形成的三角形面积的两倍来表示，故有

$$M_o(F_1) = 2\triangle OAB = OA \times Ob$$

$$M_o(F_2) = 2\triangle OAC = OA \times Oc$$

$$M_o(F_R) = 2\triangle OAD = OA \times Od$$

显然

$$M_o(F_R) = M_o(F_1) + M_o(F_2)$$

若在 A 点有一平面汇交力系 F_1、F_2、$\cdots$、F_n 作用，则多次重复使用上述方法，可得

$$M_o(F_R) = \sum M_o(F) \tag{2-11}$$

上述合力矩定理不仅适用于平面汇交力系，对于其他力系，如平面任意力系、空间力系等，也都同样成立。

计算力矩时，在力臂较难确定的情况下，用合力矩定理计算更加方便。

【例 2-6】 图 2-13(a)所示的圆柱直齿轮的齿面受一啮合角 $\alpha = 20°$ 的法向压力 $F_n = 1 \text{ kN}$ 的作用，齿面分度圆直径 $d = 60 \text{ mm}$。试计算力对轴心 O 的力矩。

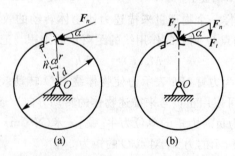

图 2-13 圆柱直齿轮轮齿受力图

解1： 按力对点之矩的定义，有

$$M_o(F_n) = F_n h = F_n \frac{d}{2} \cos \alpha = 28.2 \text{ N} \cdot \text{m}$$

解 2：按合力矩定理将 F_n 沿半径的方向分解成一组正交的圆周力 $F_t = F_n \cos \alpha$ 与径向力 $F_r = F_n \cos \alpha$。

则有

$$M_o(\boldsymbol{F_R}) = M_o(\boldsymbol{F_1}) + M_o(\boldsymbol{F_2}) = F_t r + 0 = F_n \cos \alpha \, r = 28.2 \text{ N} \cdot \text{m}$$

【例 2－7】 一轮在轮轴 B 处受一切向力 F 的作用，如图 2－14(a)所示。已知 F、R、r 和 α，试求此力对轮与地面接触点 A 的力矩。

解：由于力 F 对矩心 A 的力臂未标明且不易求出，故将 F 在 B 点分解为正交的 $\boldsymbol{F_x}$、$\boldsymbol{F_y}$，再应用合力矩定理，有

$$M_A(\boldsymbol{F}) = M_A(\boldsymbol{F_x}) + M_A(\boldsymbol{F_y})$$

$$M_A(\boldsymbol{F_x}) = -F_x CA = -F_x(OA - OC) = -F \cos \alpha (R - r \cos \alpha)$$

$$M_A(\boldsymbol{F_y}) = F_y r \sin \alpha = F \sin \alpha r \sin \alpha = F r \sin^2 \alpha$$

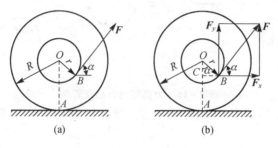

图 2－14 轮轴受力图

$$M_A(\boldsymbol{F}) = -F \cos \alpha (R - r \cos \alpha) + F r \sin^2 \alpha = F(r - R \cos \alpha)$$

2.4 力偶及其性质

2.4.1 力偶的概念

在日常生活及生产实践中，常见到物体受一对大小相等、方向相反但不在同一作用线上的平行力作用。例如，图 2－15 所示的司机转动驾驶盘及钳工对丝锥的操作等。一对等值、反向、不共线的平行力组成的力系称为力偶，此二力之间的距离称为力偶臂。由以上实例可知，力偶对物体作用的外效应是使物体单纯地产生转动运动。

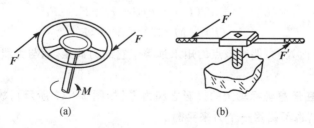

图 2－15 力偶作用实例

2.4.2 力偶的三要素

在力学上,以 F 与力偶臂 d 的乘积作为量度力偶在其作用面内对物体转动效应的物理量,称为力偶矩,并记作 $M(\boldsymbol{F}, \boldsymbol{F}')$ 或 M。即

$$M(\boldsymbol{F}, \boldsymbol{F}') = M = \pm Fd \tag{2-12}$$

力偶矩的大小也可以通过力与力偶臂组成的三角形面积的二倍来表示,如图 2-16 所示,即

$$M = \pm 2\triangle OAB$$

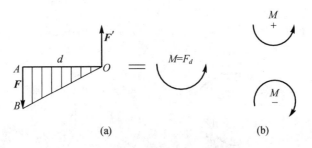

图 2-16 力偶矩的大小及转向

一般规定,逆时针转动的力偶矩取正值,顺时针取负值。力偶矩的单位为 N·m 或 N·mm。

力偶对物体的转动效应取决于下列 3 要素:

① 力偶矩的大小。

② 力偶的转向。

③ 力偶作用面的方位。

2.4.3 力偶的等效条件及力偶的性质

凡是三要素相同的力偶则彼此等效,即它们可以相互置换,这一点不仅由力偶的概念可以说明,还可通过力偶的性质做进一步证明。

性质 1 力偶对其作用面内任意点的力矩恒等于此力偶的力偶矩,而与矩心的位置无关。

证明:设在刚体某平面上 A、B 两点作用一力偶 $M = Fd$,现求此力偶对任意点 O 的力矩。取 x 表示矩心 O 到 $\boldsymbol{F}'$ 之垂直距离,按力矩定义,$\boldsymbol{F}$ 与 $\boldsymbol{F}'$ 对 O 点的力矩和为

$$M_o(\boldsymbol{F}) + M_o(\boldsymbol{F}') = F(d-x) + Fx = Fd$$

即

$$M_o(\boldsymbol{F}) + M_o(\boldsymbol{F}') = M(\boldsymbol{F}, \boldsymbol{F}')$$

不论 O 点选在何处,力偶对该点的矩永远等于它的力偶矩,而与力偶对矩心的相对位置无关。

性质 2 力偶在任意坐标轴上的投影之和为零(如图 2-17 所示),故力偶无合力,力偶不能与一个力等效,也不能用一个力来平衡。

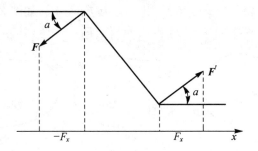

图 2 - 17　力偶在坐标轴的投影为零

力偶无合力,故力偶对物体的平移运动不会产生任何影响,力与力偶相互不能代替,不能构成平衡。因此,**力与力偶是力系的两个基本元素。**

由于上述性质,故对力偶可做如下处理:

① 力偶在它的作用面内,可以任意转移位置。其作用效应和原力偶相同,即力偶对于刚体上任意点的力偶矩值不因移位而改变。

② 力偶在不改变力偶矩大小和转向的条件下,可以同时改变力偶中两反向平行力的大小、方向以及力偶臂的大小,而力偶的作用效应保持不变。

图 2-18 各图中力偶的作用效应都相同。力偶的力偶臂、力及其方向既然都可改变,就可简明地以一个带箭头的弧线并标出值来表示力偶,如图 2-18(d)所示。

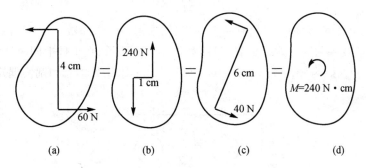

| (a) | (b) | (c) | (d) |

图 2 - 18　力偶的作用效应

2.5　平面力偶系的合成与平衡方程

作用在物体上同一平面内的若干力偶称为平面力偶系。

2.5.1　平面力偶系的合成

设在刚体某平面上有力偶 M_1、M_2 的作用,如图 2 - 19(a)所示,现求其合成的结果。

在平面上任取一线段 $AB=d$ 作为公共力偶臂,并把每个力偶化为一组作用在 A、B 两点的反向平行力,如图 2 - 19(b)所示,根据力系等效条件,有

$$F_1 = \frac{M_1}{d}, \quad F_2 = \frac{M_2}{d}$$

于是在 A、B 两点各得一组共线力系,其合力为 $\boldsymbol{F}_R$ 与 $\boldsymbol{F}'_R$,如图 2-19(c)所示,且有

$$\boldsymbol{F}_R = \boldsymbol{F}'_R = F_1 - F_2$$

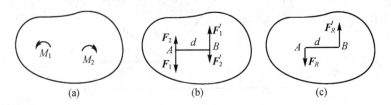

图 2-19 平面力偶系的合成

$\boldsymbol{F}_R$ 与 $\boldsymbol{F}'_R$ 为一对等值、反向、不共线的平行力,它们组成的力偶即为合力偶,所以有

$$M = F_R d = (F_1 - F_2) d = M_1 + M_2$$

若在刚体上有若干个力偶作用,采用上述方法叠加,可得合力偶矩为

$$M = M_1 + M_2 + \cdots + M_n = \sum M \tag{2-13}$$

上式表明:**平面力偶系合成的结果为一合力偶,合力偶矩为各分力偶矩的代数和。**

2.5.2 平面力偶系的平衡条件

由合成结果可知,要使力偶系平衡,则合力偶的矩必须等于零,因此平面力偶系平衡的必要和充分条件是:**力偶系中各力偶矩的代数和等于零**,即

$$\sum M = 0 \tag{2-14}$$

平面力偶系的独立平衡方程只有一个,故只能求解一个未知数。

【例 2-8】 在一钻床上水平放置工件,如图 2-20 所示,在工件上同时钻 4 个等直径的孔,每个钻头的力偶矩为 $m_1 = m_2 = m_3 = m_4 = 15\text{ N·m}$,求工件的总切削力偶矩和 A、B 端水平反力。

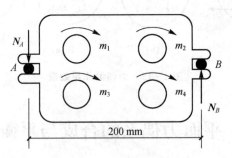

图 2-20 工件上同时钻孔

解: 各力偶的合力偶距为

$$M = m_1 + m_2 + m_3 + m_4 = 4 \times (-15) = -60\text{ N·m}$$

由力偶只能与力偶平衡的性质得知,力 N_A 与力 N_B 应组成一力偶。

$$\sum_{i=1}^{n} m_i = 0, \quad N_B \times 0.2 - m_1 - m_2 - m_3 - m_4 = 0$$

$$N_B = 300\text{ N}, \quad N_A = N_B = 300\text{ N}$$

【例 2-9】 四杆机构在图 2-21(a)所示位置平衡,已知 $OA = 60\text{ cm}$,$O_1 B = 40\text{ cm}$,作用在摇杆 OA 上的力偶矩 $M_1 = 1\text{ N·m}$,不计杆自重,求力偶矩 M_2 的大小。

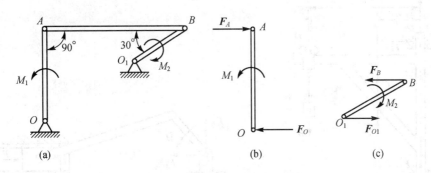

图 2 - 21   四连杆机构

解: ① 受力分析。先取 OA 杆分析,如图 2 - 21(b)所示,在杆上作用有主动力偶矩 M_1,根据力偶的性质,力偶只与力偶平衡,故在杆的两端点 O、A 上必作用有大小相等、方向相反的一对力 F_O 及 F_A,而连杆 AB 为二力杆,故 F_A 的作用方向被确定。再取 O_1B 杆分析,如图 2 - 21(c)所示,此时杆上作用一个待求力偶 M_2,此力偶与作用在 O_1、B 两端点上的约束反力构成的力偶平衡。

② 列平衡方程

$$\sum M = 0, \quad M_1 - F_A \times OA = 0 \tag{a}$$

$$F_A = \frac{M_1}{OA} = 1.67 \text{ N}$$

③ 对受力图(见图 2 - 21(c))列平衡方程

$$\sum M = 0, \quad F_B \times O_1 B \sin 30° - M_2 = 0 \tag{b}$$

因

$$F_B = F_A = 1.67 \text{ N}$$

故由式(b)得

$$M_2 = F_A \times O_1 B \times 0.5 = 1.67 \text{ N} \times 0.4 \text{ m} \times 0.5 = 0.33 \text{ N} \cdot \text{m}$$

2.6   平面一般力系的简化与平衡方程

所谓平面一般力系是指位于同一平面内的各力的作用线既不汇交于一点,也不互相平行的情况。它是工程实际中最常见的一种力系,工程计算中的许多实际问题都可以简化为平面一般力系问题来进行处理。例如,图 2 - 22 所示的摇臂式起重机及图 2 - 23 所示的曲柄滑块机构等,其受力都在同一平面内。

另外,有些物体实际所受的力虽然明显地不在同一平面内,但由于其结构(包括支承)和所承受的力都对称于某个平面,因此作用于其上的力系仍可简化为平面一般力系。例如缆车,如图 2 - 24 所示,轨道对四个轮子的约束反力构成空间平行力系,但在它们对于缆车纵向对称面对称分布的情况下,可用位于缆车纵向对称面内的反力替代,如图 2 - 24(b)所示,从而把作用于缆车上的所有的力作为平面一般力系来处理。

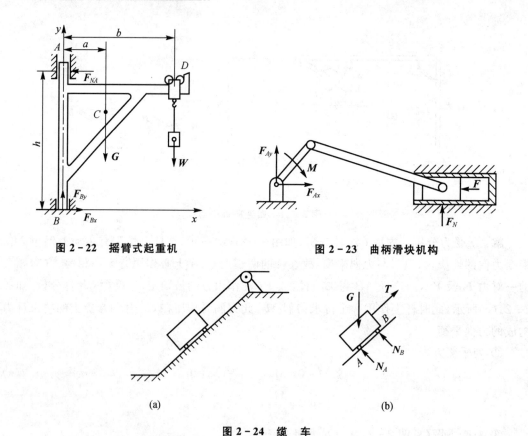

图 2-22　摇臂式起重机　　　　　图 2-23　曲柄滑块机构

图 2-24　缆　车

2.6.1　力的平移定理

作用在刚体上 A 点处的力 $\boldsymbol{F}$,可以平移到刚体内任意点 O,但必须同时附加一个力偶,其力偶矩等于原来的力 $\boldsymbol{F}$ 对新作用点 O 的矩。这就是**力的平移定理**,如图 2-25 所示。

证明如下:根据加减平衡力系公理,在任意点 O 加上一对与 $\boldsymbol{F}$ 等值的平衡力 $\boldsymbol{F}'$、$\boldsymbol{F}''$(见图 2-25(b)),则 $\boldsymbol{F}$ 与 $\boldsymbol{F}''$ 为一对等值反向不共线的平行力,组成了一个力偶,其力偶矩等于原力 $\boldsymbol{F}$ 对 O 点的矩,即

$$M = M_o(\boldsymbol{F}) = Fd$$

于是作用在 A 点的力 $\boldsymbol{F}$ 就与作用于 O 点的平移力 $\boldsymbol{F}'$ 和附加力偶 M 的联合作用等效,如图 2-25(c)所示。

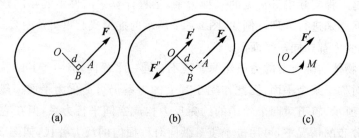

(a)　　　　　　　　(b)　　　　　　　　(c)

图 2-25　力的平移定理

力的平移定理表明了力对绕力作用线外的中心转动的物体有两种作用,一是平移力的作用,二是附加力偶对物体产生的旋转作用。如图 2-26 所示,圆周力 F 作用于转轴的齿轮上,为观察力 F 的作用效应,将力 F 平移至轴心 O 点,则有平移力 F' 作用于轴上,同时有附加力偶 M 使齿轮绕轴旋转。再以削乒乓球为例(见图 2-27),分析力 F 对球的作用效应,将力 F 平移至球心,得平移力 F' 与附加力偶,平移力 F' 决定球心的轨迹,而附加力偶则使球产生转动。

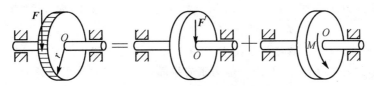

图 2-26 带齿轮的转轴

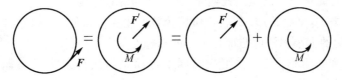

图 2-27 削乒乓球

2.6.2 平面一般力系的简化

1. 平面一般力系向面内任一点简化(主矢和主矩)

设刚体上作用有一平面一般力系 F_1、F_2、$\cdots$、F_n,如图 2-28(a)所示,在平面内任意取一点 O,称为简化中心。根据力的平移定理,将各力都向 O 点平移,得到一个汇交于 O 点的平面汇交系 F_1'、F_2'、$\cdots$、F_n',以及平面力偶系 M_1、M_2、$\cdots$、M_n,如图 2-28(b)所示。

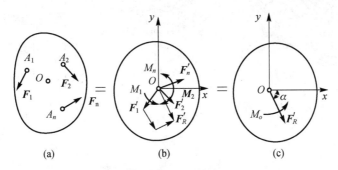

图 2-28 平面一般力系向面内任一点简化

① 平面汇交力系 F_1'、F_2'、$\cdots$、F_n' 可以合成为一个作用于 O 点的合矢量 F_R',如图 2-28(c)所示。

$$F_R' = \sum F' = \sum F \tag{2-15}$$

它等于力系中各力的矢量和。显然,单独的 F_R' 不能和原力系等效,它被称为原力系的主矢。将式(2-15)写成直角坐标系下的投影形式

$$F'_{Rx}=F_{1x}+F_{2x}+\cdots+F_{nx}=\sum F_x$$
$$F'_{Ry}=F_{1y}+F_{2y}+\cdots+F_{ny}=\sum F_y$$

因此,主矢 F'_R 的大小及其与 x 轴正向的夹角分别为

$$F'_R=\sqrt{F_{Rx}^2+F_{Ry}^2}=\sqrt{(\sum F_x)^2+(\sum F_y)^2}$$
$$\theta=\arctan\left|\frac{F_{Ry}}{F_{Rx}}\right|=\arctan\left|\frac{\sum F_y}{\sum F_x}\right| \tag{2-16}$$

② 附加平面力偶系 M_1、M_2、$\cdots$、M_n 可以合成为一个合力偶矩 M_o,即

$$M_o=M_1+M_2+\cdots+M_n=\sum M_o(\boldsymbol{F}) \tag{2-17}$$

显然,单独的 M_o 也不能与原力系等效,因此它被称为原力系对简化中心 O 的主矩。

综上所述,得到如下结论:**平面一般力系向平面内任一点简化可以得到一个力和一个力偶,这个力等于力系中各力的矢量和,作用于简化中心,称为原力系的主矢;这个力偶的矩等于原力系中各力对简化中心之矩的代数和,称为原力系的主矩。**

原力系与主矢 F'_R 和主矩 M_o 的联合作用等效。主矢 F'_R 的大小和方向与简化中心的选择无关。主矩 M_o 的大小和转向与简化中心的选择有关。

平面一般力系的简化方法,在工程实际中可用来解决许多力学问题,如**固定端约束**问题。

固定端约束是使被约束体插入约束内部,被约束体一端与约束成为一体而完全固定,既不能移动也不能转动的一种约束形式。工程中的固定端约束是很常见的,例如,机床上装卡加工工件的卡盘对工件的约束(见图 2-29(a));大型机器中立柱对横梁的约束(见图 2-29(b));房屋建筑中墙壁对雨篷的约束(见图 2-29(c));飞机机身对机翼的约束(见图 2-29(d))。

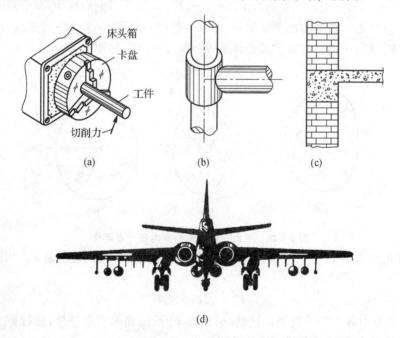

图 2-29 固定端约束实例

固定端约束的约束反力是由约束与被约束体紧密接触而产生的一个分布力系,当外力为平面力系时,约束反力所构成的这个分布力系也是平面力系。由于其中各个力的大小与方向均难以确定,因而可将该力系向 A 点简化,得到的主矢用一对正交分力表示,而将主矩用一个反力偶矩来表示,这就是固定端约束的约束反力,如图 2-30 所示。

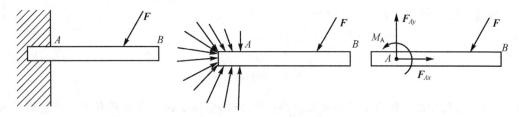

图 2-30   固定端约束的约束反力

2. 平面一般力系的合成结果

由前述可知,平面一般力系向一点 O 简化后,一般来说得到主矢 F_R' 和主矩 M_o,但这并不是简化的最终结果,进一步分析可能出现以下 4 种情况:

① $F_R'=0,M_o\neq0$ 说明该力系无主矢,而最终简化为一个力偶,其力偶矩就等于力系的主矩,此时主矩与简化中心无关。

② $F_R'\neq0,M_o=0$ 说明原力系的简化结果是一个力,而且这个力的作用线恰好通过简化中心,此时 F_R' 就是原力系的合力 F_R。

③ $F_R'\neq0,M_o\neq0$ 这种情况还可以进一步简化,根据力的平移定理逆过程,可以把 F_R' 和 M_o 合成一个合力 F_R。合成过程如图 2-31 所示,合力 F_R 的作用线到简化中心 O 的距离为

$$d=\left|\frac{M_o}{F_R}\right|=\left|\frac{M_o}{F_R'}\right| \qquad (2-18)$$

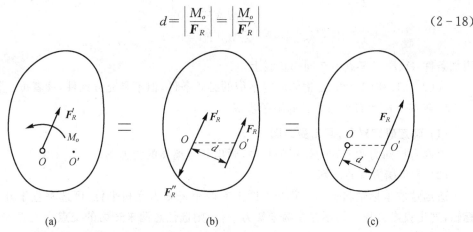

(a)   (b)   (c)

图 2-31   力和力偶矩合成为力

④ $F_R'=0,M_o=0$ 这表明该力系对刚体总的作用效果为零,即物体处于平衡状态。

2.6.3   平面一般力系的平衡方程及其应用

1. 平面一般力系的平衡方程

(1) 基本形式

由上述讨论知,若平面一般力系的主矢和对任一点的主矩都为零,则物体处于平衡状

态;反之,若力系是平衡力系,则其主矢、主矩必同时为零。因此,平面一般力系平衡的充要条件是

$$F'_R = \sqrt{(\sum F_x)^2 + (\sum F_y)^2} = 0 \left.\vphantom{\begin{matrix}a\\b\end{matrix}}\right\} \qquad (2-19)$$
$$M_o = \sum M_o(F) = 0$$

故得平面一般力系的平衡方程为

$$\sum F_x = 0 \left.\vphantom{\begin{matrix}a\\b\\c\end{matrix}}\right\}$$
$$\sum F_y = 0 \qquad (2-20)$$
$$\sum M_o(F) = 0$$

式(2-20)满足平面一般力系平衡的充分和必要条件,所以平面一般力系有三个独立的平衡方程,可求解最多三个未知量。

用解析表达式表示平衡条件的方式不是唯一的。平衡方程式的形式还有二矩式和三矩式两种形式。

(2)二矩式

$$\sum F_x = 0 \left.\vphantom{\begin{matrix}a\\b\\c\end{matrix}}\right\}$$
$$\sum M_A(F) = 0 \qquad (2-21)$$
$$\sum M_B(F) = 0$$

附加条件:AB 连线不得与 x 轴相垂直。

(3)三矩式

$$\sum M_A(F) = 0 \left.\vphantom{\begin{matrix}a\\b\\c\end{matrix}}\right\}$$
$$\sum M_B(F) = 0 \qquad (2-22)$$
$$\sum M_C(F) = 0$$

附加条件:A、B、C 三点不在同一直线上。

式(2-21)和(2-22)是物体取得平衡的必要条件,但不是充分条件,读者可自行推证。

2. 平面一般力系平衡方程的解题步骤

(1)确定研究对象,画出受力图

应取有已知力和未知力作用的物体,画出其分离体的受力图。

(2)列平衡方程并求解

适当选取坐标轴和矩心。若受力图上有两个未知力互相平行,可选垂直于此二力的坐标轴,列出投影方程。如不存在两未知力平行,则选任意两未知力的交点为矩心列出力矩方程,先行求解。一般水平和垂直的坐标轴可画也可不画,但倾斜的坐标轴必须画。

【例 2-10】 绞车通过钢丝牵引小车沿斜面轨道匀速上升,如图 2-32(a)所示。已知小车重 $P=10$ kN,绳与斜面平行,$\alpha=30°$,$a=0.75$ m,$b=0.3$ m,不计摩擦。求钢丝绳的拉力及轨道对车轮的约束反力。

解:① 取小车为研究对象,画受力图(见图 2-32(b))。小车上作用有重力 P,钢丝绳的拉力 F_T,轨道在 A、B 处的约束反力 F_{NA} 和 F_{NB}。

② 取图示坐标系,列平衡方程

$$\sum F_x = 0, \quad -F_T + P\sin\alpha = 0$$

$$\sum F_y = 0, \quad F_{NA} + F_{NB} - P\cos\alpha = 0$$

$$\sum M_O(\boldsymbol{F}) = 0, \quad F_{NB}(2a) - Pb\sin\alpha - Pa\cos\alpha = 0$$

解得　　　　　$F_T = 5 \text{ kN}, F_{NB} = 5.33 \text{ kN}, F_{NA} = 3.33 \text{ kN}$

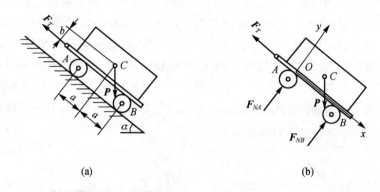

(a)　　　　　　　　　　　　(b)

图 2-32　牵引小车

【例 2-11】　悬臂梁如图 2-33 所示,梁上作用有均布载荷 q,在 B 端作用有集中力 $F = ql$ 和力偶为 $M = ql^2$,梁长度为 $2l$,已知 q 和 ql(力的单位为 N,长度单位为 m)。求固定端的约束反力。

解:① 取 AB 梁为研究对象,画受力图(见图 2-33(b)),均布载荷 q 可简化为作用于梁中点的一个集中力 $F_Q = q \times 2l$。

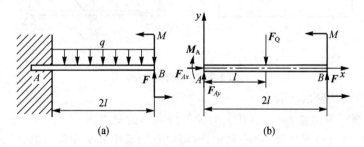

(a)　　　　　　　　　　　　(b)

图 2-33　求固定端的约束反力

② 列平衡方程

$$\sum F_x = 0, \qquad F_{Ax} = 0$$

$$\sum M_A(\boldsymbol{F}) = 0, \qquad M - M_A + F(2l) - F_Q l = 0,$$

故　　　　　$M_A = M + 2Fl - F_Q l = ql^2 + 2ql^2 - 2ql^2 = ql^2$

$$\sum F_y = 0, \qquad F_{Ay} + F - F_Q = 0$$

故　　　　　$F_{Ay} = F_Q - F = 2ql - ql = ql$

2.7 物体系统的平衡

物系平衡时,组成系统的每一个物体也都保持平衡。若物系由 n 个物体组成,对每个受平面一般力系作用的物体至多只能列出 3 个独立的平衡方程,对整个物系至多只能列出 $3n$ 个独立的平衡方程。若问题中未知量的数目不超过独立的平衡方程的总数,即用平衡方程可以解出全部未知量,这类问题称为**静定问题**。反之,若问题中未知量的数目超过了独立的平衡方程的总数,则单靠平衡方程不能解出全部未知量,这类问题称为**超静定问题或静不定问题**。在工程实际中为了提高刚度和稳固性,常对物体增加一些支承或约束,因而使问题由静定变为超静定。例如,图 2-34(a)、(b)为静定结构,图 2-35(a)、(b)为静不定结构。在用平衡方程来解决工程实际问题时,应首先判别该问题是否静定。本章只研究静定问题。

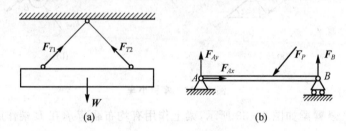

图 2-34 静定结构

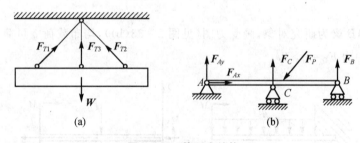

图 2-35 静不定结构

求解物系平衡问题的步骤是:

① 适当选择研究对象,画出各研究对象的分离体的受力图。

研究对象可以是物系整体、单个物体,也可以是物系中几个物体的组合。

② 分析各受力图,确定求解顺序。

研究对象的受力图可分为两类,一类是未知量数等于独立平衡方程的数目,称为是可解的;另一类是未知量数超过独立平衡方程的数目,称为暂不可解的。若是可解的,应先取其为研究对象,求出某些未知量,再利用作用与反作用关系,扩大求解范围。有时也可利用其受力特点,列出平衡方程,解出某些未知量。如某物体受平面一般力系作用,有 4 个未知量,但有三个未知量汇交于一点,则可取该三力汇交点为矩心,列方程解出不汇交于该点的那个未知力。这便是解题的突破口,因为由于某些未知量的求出,其他不可解的研究对象也可以成为可解了。这样便可确定求解顺序。

③ 根据确定的求解顺序,逐个列出平衡方程求解。

因为同一问题中有几个受力图,所以在列出平衡方程前应加上受力图号,以示区别。

【例 2 - 12】 如图 2 - 36(a)所示的人字梯 ACB 置于光滑水平面上,且处于平衡,已知人重为 G,夹角为 α,AC 和 BC 的长度为 l。求 A、B 和铰链 C 处的约束反力。

解:① 选取研究对象,画出整体及每个物体的受力图,如图 2 - 36(b)、(c)、(d)所示。

AC 杆和 BC 杆所受的力系均为平面一般力系,每个杆都有 4 个未知力,暂不可解。但由于物系整体受平面平行力系作用,故是可解的。先以整体为研究对象,求出 F_A、F_B,则 AC 和 BC 便可解了,故再取 BC 杆为研究对象,求出 C 处反力。

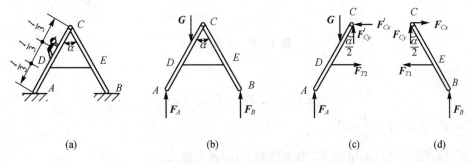

图 2 - 36 人字梯

② 取整体为研究对象,列平衡方程求解

$$\sum M_A(F) = 0, \quad F_B \times 2l\sin\frac{\alpha}{2} - G \times \frac{2}{3}l\sin\frac{\alpha}{2} = 0$$

故

$$F_B = \frac{G}{3}$$

$$\sum F_y = 0, \quad F_A + F_B - G = 0$$

故

$$F_A = G - F_B = G - \frac{G}{3} = \frac{2}{3}G$$

③ 取 BC 杆为研究对象,列平衡方程求解

$$\sum F_y = 0, \quad F_B - F_{Cy} = 0$$

故 $\quad F_{Cy} = F_B = \dfrac{G}{3}$

$$\sum M_E(F) = 0, \quad F_B\frac{l}{3}\sin\frac{\alpha}{2} + F_{Cy} \times \frac{2}{3}l\sin\frac{\alpha}{2} - F_{Cx} \times \frac{2}{3}l\cos\frac{\alpha}{2} = 0$$

故 $\quad F_{Cx} = \dfrac{G}{2}\tan\dfrac{\alpha}{2}$

【例 2 - 13】 一构架如图 2 - 37(a)所示,已知 F 和 a,且 $F_1 = 2F$。试求两固定铰链 A、B 和铰链 C 的约束反力。

解:① 分别取构件 ACD 及 BEC 为研究对象,画出各分离体的受力图,如图 2 - 37(b)、(c)所示。

② 图 2 - 37(b)有 4 个未知力,不可解;图 2 - 37(c)有 4 个未知力,但有 3 个未知力汇交于一点,可先求出 F_{Bx} 和 F_{Cx}

$$\sum M_C(F) = 0, \quad F_{Bx} \times 2a - Fa = 0$$

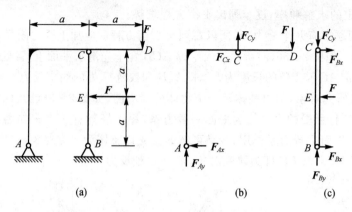

图 2-37 求约束反力

故 $F_{Bx} = \dfrac{F}{2}$

$$\sum F_x = 0, \quad F'_{Cx} + F_{Bx} - Fa = 0$$

故 $F'_{Cx} = F - F_{Bx} = F - \dfrac{F}{2} = \dfrac{F}{2}$

解出 F'_{Cx} 后,图 2-37(b) 中的 F_{Cx} 变为已知力,因而可解

$$\sum M_A(F) = 0, \quad F_{Cy}a + F_{Cx}2a - F_1 2a = 0$$

故 $F_{Cy} = 2F_1 - 2F_{Cx} = 2F_1 - 2\dfrac{F}{2} = 2F_1 - F = 3F$

$$\sum F_y = 0, \quad F_{Ay} + F_{Cy} - F_1 = 0$$

故 $F_{Ay} = F_1 - F_{Cy} = F_1 - (2F_1 - F) = -F$

$$\sum F_x = 0, \quad F_{Ax} - F_{Cx} = 0$$

故 $F_{Ax} = F_{Cx} = \dfrac{F}{2}$

求出 F_{Cy} 后,再转图 2-37(c) 求解 F_{By}

$$\sum F_y = 0, \quad F_{By} - F'_{Cy} = 0$$

故 $F_{By} = F'_{Cy} = 3F$

【例 2-14】 组合梁由 AC 和 CE 用铰链连接,载荷及支承情况如图 2-38(a) 所示。已知:$l = 8$ m,$F = 5$ kN,均布载荷集度 $q = 2.5$ kN/m,力偶的矩 $M = 5$ kN·m。求支座 A、B、E 及中间铰 C 的反力。

解:① 分别取梁 CE 及 ABC 为研究对象,画出各分离体的受力图,如图 2-38(b)、(c) 所示。其中 F_{Q1} 和 F_{Q2} 分别为梁 CE、梁 ABC 上均布载荷的合力。

② 列平衡方程求解。图 2-38(c) 有 5 个未知力,不可解;图 2-38(b) 有 3 个未知力,可解。

$$\sum F_x = 0, \qquad F_{Cx} - F_{RE}\cos 45° = 0$$
$$\sum F_y = 0, \qquad F_{Cy} - F_{Q1} + F_{RE}\sin 45° = 0$$
$$\sum M_C(F) = 0, \qquad -F_{Q1} \times 1 - M + F_{RE}\sin 45° \times 4 = 0$$

得 $F_{RE} = 3.54$ kN,$F_{Cx} = 2.5$ kN,$F_{Cy} = 2.5$ kN

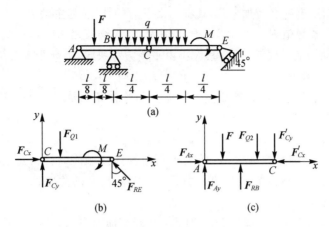

图 2-38 求铰链的反力

③ 以 ABC 为研究对象,列平衡方程

$$\sum F_x = 0, \qquad F_{Ax} - F'_{Cx} = 0$$
$$\sum F_y = 0, \qquad F_{Ay} - F - F_{Q2} - F'_{Cy} + F_{RB} = 0$$
$$\sum M_A(F) = 0, \qquad -F \times 1 + F_{RB} \times 2 - F_{Q2} \times 3 - F'_{Cy} \times 4 = 0$$

得 $F_{Ax} = 2.5$ kN,$F_{Ay} = -2.5$ kN(方向向下),$F_{RB} = 15$ kN

2.8 摩 擦

摩擦是机械运动中的普遍现象,在某些问题中,因其不起主要作用,在初步计算中忽略它的影响而使问题大为简化。但在大多数工程技术问题中,它是不可忽略的重要因素。摩擦通常表现为有利的和有害的两个方面。人靠摩擦行走,车靠摩擦制动,螺钉无摩擦将自动松开,带轮无摩擦将无法传动,这些都是摩擦有利的一面。但是,摩擦还会引起机械发热、零件磨损、降低机械效率和减少使用寿命等,这些是摩擦有害的一面。研究摩擦的目的在于掌握摩擦规律,从而达到兴利除弊的目的。

2.8.1 滑动摩擦

摩擦可分为滑动摩擦和滚动摩擦。本小节主要介绍静滑动摩擦及考虑摩擦时物体的平衡问题。

两物体接触表面间产生相对滑动或具有相对滑动趋势时所具有的摩擦,称为**滑动摩擦**。

两物体表面间只具有滑动趋势而无相对滑动时的摩擦,称为**静滑动摩擦(静摩擦)**。

两物体接触表面间产生相对滑动时的摩擦,称为**动滑动摩擦(动摩擦)**。

如图 2-39 所示,当 F_T 很小时,B 盘没有滑动而只具有滑动趋势,此时物系将保持平衡。摩擦力 F_f 与主动力 F_T 等值。

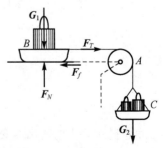

图 2-39 摩擦与平衡

F_T 逐渐增大，F_f 也随之增加。F_f 具有约束反力的性质，随主动力的变化而变化。

F_f 增加到某一临界值 F_{fmax} 时，就不会再增大，如果继续增大 F_T，B 盘将开始滑动。因此，静摩擦力随主动力的不同而变化，其大小由平衡方程决定，但介于零与最大值之间，即

$$0 \leqslant F_T \leqslant F_{fmax}$$

静摩擦定律：实验证明，最大静摩擦力的方向与物体相对滑动趋势方向相反，大小与接触面法向反力 F_N 的大小成正比，即

$$F_{fmax} = f_s F_N \qquad\qquad (2-23)$$

式中，比例常数 f_s 称为静摩擦因数，f_s 的大小与两物体接触面的材料及表面情况（粗糙度、干湿度、温度等）有关，而与接触面积的大小无关。一般材料的静摩擦因数可在工程手册上查到。

动摩擦定律：当水平力 F_T 超过 F_{fmax} 时，盘 B 开始加速滑动，此时盘 B 所受到的摩擦阻力已由静摩擦力转化为动摩擦力。实验证明，动滑动摩擦力的大小与接触表面间的正压力 F_N 成正比，即

$$F'_f = f F_N \qquad\qquad (2-24)$$

式中，f_s 称为静摩擦因数，它主要取决于接触面材料的表面情况。在一般情况下 f 略小于 f_s，可近似认为 $f = f_s$。

滑动摩擦定律提供了利用摩擦和减小摩擦的途径。若要增大摩擦力，可以通过加大正压力和增大摩擦因数来实现。例如，在带传动中，要增加胶带和胶带轮之间的摩擦，可用张紧轮，也可采用 V 型胶带代替平胶带的方法。又如，汽车在下雪后行驶时，要在公路上洒细沙，以增大摩擦因数，避免打滑等。另外，要减小摩擦时可以设法减小摩擦因数，在机器中常用降低接触表面的粗糙度或加润滑剂等方法，以减小摩擦和损耗。

2.8.2 摩擦角和自锁

如图 2-40(a)所示，物体受力 F_P 作用仍静止时，把它所受的法向反力 F_N 和切向摩擦力 F 合成为一个反力 F_R，称为**全约束反力**或**全反力**。它与接触面法线间的夹角为 φ，由此得

$$\tan \varphi = F/F_N$$

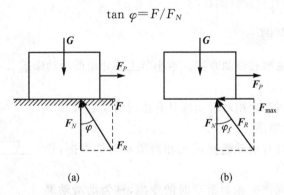

(a)   (b)

图 2-40 全反力

φ 角将随主动力的变化而变化，当物体处于平衡的临界状态时，静摩擦力达到最大静摩擦力 F_{max}，φ 角也将达到相应的最大值 φ_f，称为临界摩擦角，简称**摩擦角**。如图 2-40(b)所示，此

时有

$$\tan \varphi_f = F_{max}/F_N = (f_s F_N)/F_N = f_s \tag{2-25}$$

上式表明，**静摩擦因数等于摩擦角的正切值。**

由于静摩擦力不能超过其最大值 F_{max}，因此 φ 角总是小于等于摩擦角 φ_f：$0 \leqslant \varphi \leqslant \varphi_f$，即全反力的作用线不可能超出摩擦角的范围。

由此可知：

① 当主动力的合力 $\boldsymbol{F}_Q$ 的作用线在摩擦角 φ_f 以内时，由二力平衡公理可知，全反力 $\boldsymbol{F}_R$ 与之平衡（见图 2-41）。因此，只要主动力合力的作用线与接触面法线间的夹角 α 不超过 φ_f，即

$$\alpha \leqslant \varphi_f \tag{2-26}$$

则不论该合力的大小如何，物体总是处于平衡状态，这种现象称为**摩擦自锁**。式（2-26）称为**自锁条件**。利用自锁原理可设计某些机构或夹具，如千斤顶、压榨机、圆锥销等，使之始终保持在平衡状态下工作。

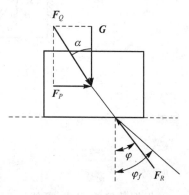

图 2-41　自锁条件

② 当主动力合力的作用线与接触面法线间的夹角 $\alpha > \varphi_f$ 时，全反力不可能与之平衡，因此不论这个力多么小，物体一定会滑动。工程上（例如对于传动机构）利用这个道理，可避免自锁使机构不致卡死。

2.8.3　考虑摩擦时的平衡问题

考虑摩擦时的平衡问题与前面没有摩擦时的平衡问题分析方法基本相同，所不同的是：

① 分析物体受力时，除了一般约束反力外，还必须考虑摩擦力，其方向与滑动的趋势相反。

② 需分清物体是处于一般平衡状态还是临界状态。在一般平衡状态下，静摩擦力的大小由平衡条件确定，并满足 $F \leqslant F_{max}$ 关系式；在临界状态下，静摩擦力为一确定值，满足 $F = F_{max} = f_s F_N$ 关系式。

③ 由于静摩擦力可在零与 F_{max} 之间变化，因此物体平衡时的解也有一个变化范围。为了避免解不等式，一般先假设物体处于临界状态，求得结果后再讨论解的范围。

【例 2-15】　如图 2-42(a) 所示一重为 200 N 的梯子 AB 一端靠在铅垂的墙壁上，另一端搁置在水平地面上，$\theta = \arctan 4/3$。假设梯子与墙壁间为光滑约束，而与地面之间存在摩擦，静摩擦因数 $f_s = 0.5$。问梯子是处于静止还是会滑倒？此时，摩擦力的大小为多少？

解： 解这类问题时，可先假定物体静止，求出此时物体所受的约束反力与静摩擦力 $\boldsymbol{F}$，把所求得的 F 与可能达到的最大静摩擦力 $\boldsymbol{F}_{max}$ 进行比较，就可确定物体的真实情况。取梯子为研究对象。其受力图及所取坐标轴如图 2-42(b) 所示。此时，设梯子 A 端有向左滑动的趋势。由平衡方程

$$\sum F_x = 0, \qquad F_A + F_{NB} = 0$$

$$\sum F_y = 0, \qquad F_{NA} - W = 0$$

$$\sum M_A(F) = 0, \qquad W \frac{l}{2} \cos \theta - F_{NB} l \sin \theta = 0$$

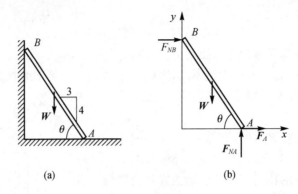

图 2-42 梯子

解得

$$F_{NA} = W = 200 \text{ N}$$

$$F_A = -F_{NB} = -\frac{1}{2}W \cdot \cot\theta = -75 \text{ N}$$

根据静摩擦定律,可能达到的最大静摩擦力为

$$F_{A\max} = f_s F_{NA} = 0.5 \times 200 \text{ N} = 100 \text{ N}$$

求得的静摩擦力为负值,说明它真实的指向与假设方向相反,即梯子应具有向右的趋势,又因为 $|F_A| < F_{A\max}$,说明梯子处于静止状态。

对这种类型的摩擦平衡问题,即已知作用在物体上的主动力,需判断物体是否处于平衡状态,可将摩擦力作为一般约束反力来处理。然后用平衡方程求出所受的摩擦力,并通过与最大静摩擦力进行比较,判断物体所处的状态。

【例 2-16】 某变速机构中双联滑移齿轮如图 2-43 所示。已知齿轮轴孔与轴间的摩擦因数为 f_s,轮与轴接触面的长度为 b。问拨叉(图中未画出)作用在齿轮上的力 F 到轴线的距离 a 为多大,才能保证齿轮不被卡住。设齿轮重量忽略不计。

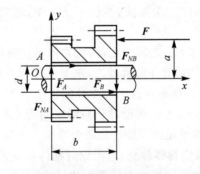

图 2-43 双联滑移齿轮

解:齿轮轴孔与轴间总有一定的间隙,齿轮在拨叉的推动下有倾倒趋势,此时齿轮与轴就在 A、B 两点处接触。取齿轮为研究对象,画出受力图,列出平衡方程,考虑平衡的临界情况,由静摩擦定律有

$$\sum F_x = 0, \quad F_A + F_B - F = 0 \tag{a}$$

$$\sum F_y = 0, \quad F_{NA} - F_{NB} = 0 \tag{b}$$

$$\sum M_O(F)=0, \quad Fa-F_{NB}b-F_A\frac{d}{2}+F_B\frac{d}{2}=0 \tag{c}$$

$$F_A=f_s F_{NA}, \quad F_B=f_s F_{NB} \tag{d}$$

联立以上各式可解得

$$a=\frac{b}{2f_s}$$

这是临界情况所要求的条件。

要保证齿轮不发生自锁现象(即不被卡住),其条件是

$$F>F_A+F_B=f_s(F_{NA}+F_{NB})=2f_s F_{NB}$$

将(c)式所得力矩方程 $Fa=F_{NB}b$ 代入上式,得最终不被卡住的条件是

$$a<\frac{b}{2f_s}$$

2.9　习　题

2-1　试用解析法求图示平面汇交力系的合力。

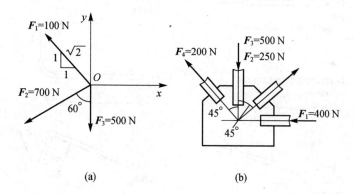

(a)　　　　　　　　　(b)

题 2-1 图

2-2　图示大船由三条拖轮牵引,每根拖缆拉力为 5 kN。① 求作用于大船的合力。② 欲使合力沿大船轴线方向,应如何调整 A 船与大船轴线的夹角 α ?

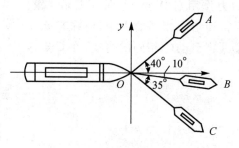

题 2-2 图

2-3　简易起重机用钢丝绳吊起重 $W=2\ 000$ N 的重物,各杆自重不计,A、B、C 三处简化为铰链连接,求杆 AB 和 AC 受到的力(滑轮尺寸和摩擦不计)。

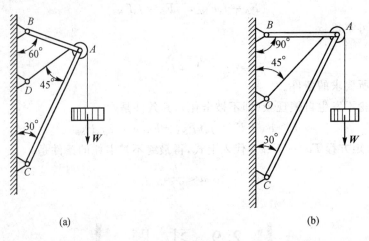

(a)　　　　　　　　　　　　　(b)

题 2-3 图

2-4　试计算下列各图中力 F 对点 O 之矩。

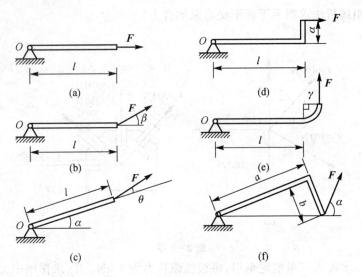

(a)　　　　　　　　　(d)

(b)　　　　　　　　　(e)

(c)　　　　　　　　　(f)

题 2-4 图

2-5　一个 450 N 的力作用在 A 点,方向如图示。求:① 此力对 D 点的矩;② 要得到与①相同的力矩,应在 C 点所加水平力的大小与指向;③要得到与①相同的力矩,在 C 点应加的最小力。

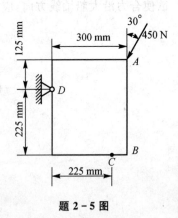

题 2-5 图

2-6 求图示齿轮和皮带上各力对点 O 之矩。已知：$F=1$ kN，$\alpha=20°$，$D=160$ mm，F_{T1} $=200$ N，$F_{T2}=100$ N。

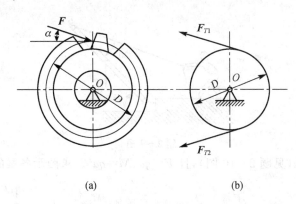

(a)   (b)

题 2-6 图

2-7 构件的载荷及支承情况如图示，$l=4$ m，求支座 A、B 的约束反力。

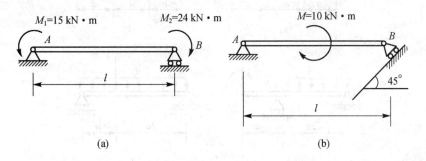

(a)   (b)

题 2-7 图

2-8 锻锤工作时，若锻件给锻锤的反作用力有偏心，已知打击力 $F=1\,000$ kN，偏心距 $e=20$ mm，锤体高 $h=200$ mm，求锤头给两侧导轨的压力。

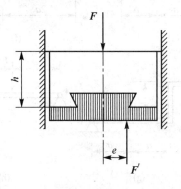

题 2-8 图

2-9 一均质杆重 1 kN,将其竖起如图示。在图示位置平衡时,求绳子的拉力和 A 处的支座反力。

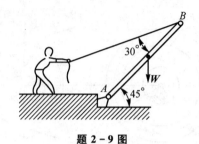

题 2-9 图

2-10 已知 q、a(见题 2-10 图),且 $F=qa$、$M=qa^2$。求图示各梁的支座反力。

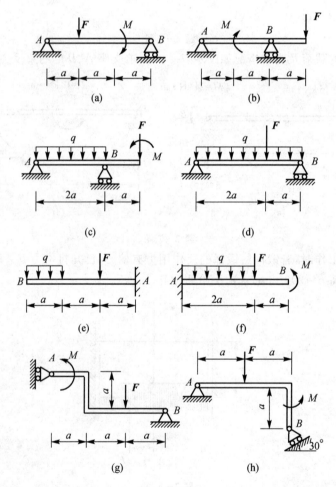

题 2-10 图

2-11 水塔总重量 $G=160$ kN,固定在支架 A、B、C、D 上,A 为固定铰链支座,B 为活动铰支,水箱右侧受风压为 $q=16$ kN/m,如图所示。为保证水塔平衡,试求 A、B 间最小距离。

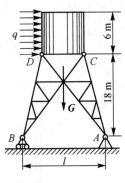

题 2-11 图

2-12　题图所示汽车起重机的车重 $W_Q=26$ kN，臂重 $G=4.5$ kN，起重机旋转及固定部分的重量 $W=31$ kN。设伸臂在起重机对称面内。试求图示位置汽车不致翻倒的最大起重载荷 G_P。

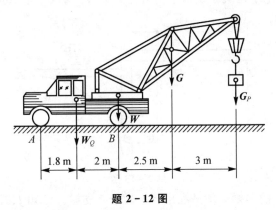

题 2-12 图

2-13　组合梁及其受力情况如图所示。梁的自重可忽略不计，试求 A、B、C、D 各处的约束反力。

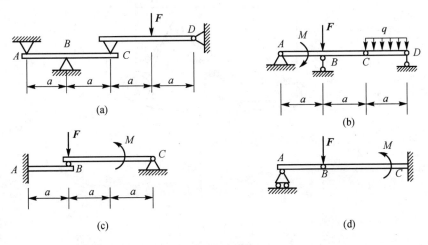

题 2-13 图

2-14 在题图所示构架中,已知 F、a,试求 A、B 两支座反力。

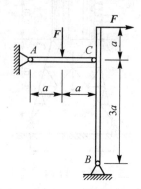

2-15 图示为汽车台秤简图,BCF 为整体台面,杠杆 AB 可绕轴 O 转动,B、C、D 三处均为铰链,杆 DC 处于水平位置。试求平衡时砝码重 W_1 与汽车重 W_2 的关系。

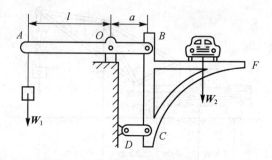

2-16 体重为 W 的体操运动员在吊环上做十字支撑。已知 l、θ、d(两肩关节间距离)、W_1(两臂总重)。假设手臂为均质杆,试求肩关节受力。

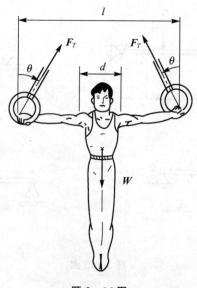

2-17 一重 $G = 980$ N 的物体放在倾角 $\alpha = 30°$ 的斜面上如题图所示。已知接触面间的静摩擦因数 $f_s = 0.2$，现用 $F_Q = 588$ N 的力沿斜面推物体，问物体在斜面上处于静止还是滑动？此时摩擦力为多大？

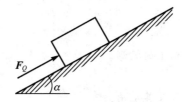

题 2-17 图

2-18 图示为一简易升降装置，混凝土和吊桶共重 25 kN。吊桶与滑道间的摩擦因数为 0.3。试分别求出吊桶匀速上升和下降时绳子的拉力。

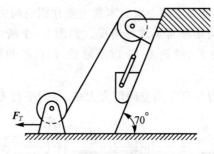

题 2-18 图

第3章　空间力系

本章要点

● 理解力在空间直角坐标轴上的投影。

● 理解力对轴之矩。

● 掌握空间力系的平衡方程及其应用。

● 掌握重心及其计算。

前面讨论了平面力系,平面力系中各力的作用线分布在同一平面内,这是物体受力的特殊情况,现在将讨论物体受力的最一般的情况——空间力系。当力系中各力的作用线不在同一平面,而呈空间分布时,称为空间力系。本章主要介绍空间力系的简化与平衡问题。

在工程实际中,有许多问题都属于这种情况。如图 3-1 所示的车床主轴,受有切削力 F_x、F_y、F_z 和齿轮上的圆周力 F_t、径向力 F_n 以及轴承 A、B 处的约束反力,这些力构成一组空间力系。

与平面力系一样,空间力系可分为空间汇交力系、空间平行力系及空间一般力系。

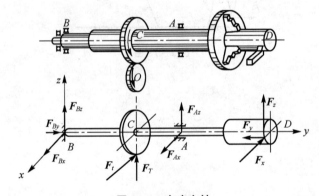

图 3-1　车床主轴

3.1　力在空间直角坐标轴上的投影

在平面力系中,常将作用于物体上某点的力向坐标轴 x、y 上投影。同理,在空间力系中,也可将作用于空间某一点的力向坐标轴 x、y、z 上投影。具体做法如下:

1. 直接投影法

若一力 F 的作用线与 x、y、z 轴对应的夹角已经给定,如图 3-2(a)所示,则可直接将力 F 向三个坐标轴投影,得

$$F_x = \boldsymbol{F} \cos \alpha$$
$$F_y = \boldsymbol{F} \cos \beta$$
$$F_z = \boldsymbol{F} \cos \gamma$$

(3-1)

其中，α、β、γ 分别为力 $\boldsymbol{F}$ 与 x、y、z 三坐标轴间的夹角。

2. 二次投影法

当力 $\boldsymbol{F}$ 与 x、y 坐标轴间的夹角不易确定时，可先将力 $\boldsymbol{F}$ 投影到坐标平面 xOy 上，得一力 $\boldsymbol{F}_{xy}$，进一步再将 $\boldsymbol{F}_{xy}$ 向 x、y 轴上投影，如图 3-2(b)所示。若 γ 为力 $\boldsymbol{F}$ 与 z 轴间的夹角，φ 为 $\boldsymbol{F}_{xy}$ 与 x 轴间的夹角，则力 $\boldsymbol{F}$ 在三个坐标轴上的投影为

$$F_x = \boldsymbol{F}_{xy} \cos \varphi = \boldsymbol{F} \sin \gamma \cos \varphi$$
$$F_y = \boldsymbol{F}_{xy} \sin \varphi = \boldsymbol{F} \sin \gamma \sin \varphi$$
$$F_z = \boldsymbol{F} \cos \gamma$$

(3-2)

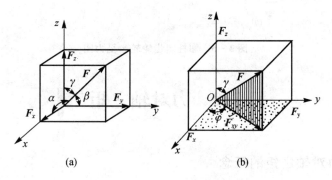

(a)　　　　　(b)

图 3-2　二次投影法

具体计算时，可根据问题的实际情况选择一种适当的投影方法。

力和它在坐标轴上的投影是一一对应的，如果力 $\boldsymbol{F}$ 的大小、方向是已知的，则它在选定的坐标系的三个轴上的投影是确定的；反之，如果已知力 $\boldsymbol{F}$ 在三个坐标轴上的投影 F_x、F_y、F_z 的值，则力 $\boldsymbol{F}$ 的大小、方向也可以求出，其形式如下

$$F = \sqrt{F_x^2 + F_y^2 + F_z^2}$$

(3-3)

$$\cos \alpha = \frac{F_x}{F}$$
$$\cos \beta = \frac{F_y}{F}$$
$$\cos \gamma = \frac{F_z}{F}$$

(3-4)

【例 3-1】　已知圆柱斜齿轮所受的啮合力 $F_n = 1\,410$ N，齿轮压力角 $\alpha = 20°$，螺旋角 $\beta = 25°$（见图 3-3）。试计算斜齿轮所受的圆周力 F_t、轴向力 F_a 和径向力 F_r。

解：取坐标系如图 3-3(a)所示，使 x、y、z 分别沿齿轮的轴向、圆周的切线方向和径向。先把啮合力 F_n 向 z 轴和坐标平面 xOy 投影，得

$$F_z = -F_r = -F_n \sin \alpha = -1\,410 \text{ N} \sin 20° = -482 \text{ N}$$

$\boldsymbol{F}_n$ 在 xOy 平面上的分力 $\boldsymbol{F}_{xy}$，其大小为

$$F_{xy} = F_n \cos \alpha = 1\,410 \text{ N} \cos 20° = 1\,325 \text{ N}$$

然后再把 F_{xy} 投影到 x、y 轴得

$$F_x = F_a = -F_{xy}\sin\beta = -F_n\cos\alpha\sin\beta = -1\,410\text{ N}\cos 20°\sin 25° = -560\text{ N}$$

$$F_y = F_t = -F_{xy}\cos\beta = -F_n\cos\alpha\cos\beta = -1\,410\text{ N}\cos 20°\cos 25° = -1\,201\text{ N}$$

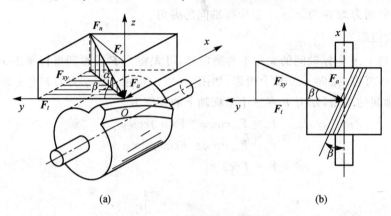

(a)　　　　　　　　(b)

图 3-3　圆柱斜齿轮轮齿受力图

3.2　力对轴之矩

3.2.1　力对轴之矩的概念

在工程中,常遇到刚体绕定轴转动的情形,为了度量力对转动刚体的作用效应,必须引入力对轴之矩的概念。

现以关门动作为例,图 3-4(a)中门的一边有固定轴 z,在 A 点作用一力 F,为度量此力对刚体的转动效应,可将该力 F 分解为两个互相垂直的分力:一个是与转轴平行的分力 $F_z = F\sin\beta$;另一个是在与转轴垂直平面上的分力 $F_{xy} = F\cos\beta$。

由经验可知,F_z 不能使门绕 z 轴转动,只有分力 F_{xy} 才能产生使门绕 z 轴转动的效应。

如以 d 表示 F_{xy} 作用线到 z 轴与平面的交点 O 的距离,则 F_{xy} 对 O 点之矩,就可以用来度量力 F 使门绕 z 轴转动的效应,记作

$$M_z(F) = M_o(F_{xy}) = \pm F_{xy}d \tag{3-5}$$

力对轴之矩在轴上的投影是代数量,其值等于此力在垂直该轴平面上的投影对该轴与此平面的交点之矩。力矩的正负代表其转动作用的方向。当从 z 轴正向看,逆时针方向转动为正,顺时针方向转动为负(或用右手法则确定其正负)。

由式(3-5)可知,当力的作用线与转轴平行($F_{xy}=0$),或者与转轴相交时($d=0$),即当力与转轴共面时,力对该轴之矩等于零。力对轴之矩的单位是 N·m。

3.2.2　合力矩定理

设有一空间力系 F_1、F_2、…、F_n,其合力为 F_R,则可证合力 F_R 对某轴之矩等于各分力对同轴力矩的代数和。可写成

$$M_z(\boldsymbol{F}_R) = \sum M_z(\boldsymbol{F}) \tag{3-6}$$

式(3-6)常被用来计算空间力对轴求矩。

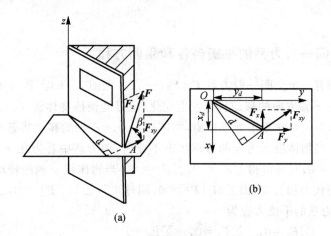

图 3-4　关门动作

【例 3-2】 计算图 3-5 所示手摇曲柄上力 $\boldsymbol{F}$ 对 x、y、z 轴之矩。已知 $\boldsymbol{F}$ 为平行于 xz 平面的力，$F = 100\ \text{N}$，$\alpha = 60°$，$AB = 20\ \text{cm}$，$BC = 40\ \text{cm}$，$CD = 15\ \text{cm}$，A、B、C、D 处于同一水平面上。

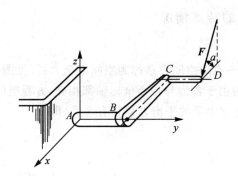

图 3-5　手摇曲柄

解：力 $\boldsymbol{F}$ 在 x 轴和 z 轴上有投影

$$F_x = F\cos\alpha,\ F_z = -F\sin\alpha$$

计算 $\boldsymbol{F}$ 对 x、y、z 各轴的力矩

$M_x(\boldsymbol{F}) = -F_z(AB + CD) = -100\ \text{N}\sin 60° \times (20\ \text{cm} + 15\ \text{cm}) = -3\ 031\ \text{N·cm} = -30.31\ \text{N·m}$

$M_y(\boldsymbol{F}) = -F_z BC = -100\ \text{N}\sin 60° \times 40\ \text{cm} = -3\ 464\ \text{N·cm} = -34.64\ \text{N·m}$

$M_z(\boldsymbol{F}) = -F_x(AB + CD) = -100\ \text{N}\cos 60° \times (20\ \text{cm} + 15\ \text{cm}) = -1\ 750\ \text{N·cm} = -17.5\ \text{N·m}$

3.3 空间力系的平衡方程及其应用

3.3.1 空间一般力系的平衡条件和平衡方程

某物体上作用有一个空间一般力系 F_1、F_2、…、F_n（见图 3-6）。若物体不平衡，则力系可能使物体沿 x、y、z 轴方向的移动状态发生变化，也可能使该物体绕 x、y、z 轴的转动状态发生变化。若物体在力系作用下处于平衡，物体沿 x、y、z 三轴的移动状态不变，绕该三轴的转动状态也不变。当物体沿 x 方向的移动状态不变时，该力系中各力在 x 轴上的投影的代数和为零，即 $\sum F_x = 0$；同理可得 $\sum F_y = 0$，$\sum F_z = 0$。当物体绕 x 轴的转动状态不变时，该力系对 x 轴力矩的代数和为零，即 $\sum M_x(F) = 0$，同理可得 $\sum M_y(F) = 0$，$\sum M_z(F) = 0$。由此可见，空间一般力系的平衡方程为

$$\left.\begin{array}{ccc} \sum F_x = 0, & \sum F_y = 0, & \sum F_z = 0 \\ \sum M_x(F) = 0, & \sum M_y(F) = 0, & \sum M_z(F) = 0 \end{array}\right\} \tag{3-7}$$

式（3-7）表达了空间一般力系平衡的必要和充分条件为：**各力在三个坐标轴上投影的代数和以及各力对三个坐标轴之矩的代数和都必须分别等于零。**

利用该 6 个独立平衡方程式，可以求解 6 个未知量。

3.3.2 空间力系的特殊情况

（1）空间汇交力系

各力的作用线汇交于一点的空间力系称为空间汇交力系（见图 3-7）。若以汇交点为原点，取直角坐标系 $Oxyz$，则由于各力与三个坐标轴都相交，方程组（3-7）中的三个力矩方程自然得到满足，所以空间汇交力系的平衡方程只有 3 个，即

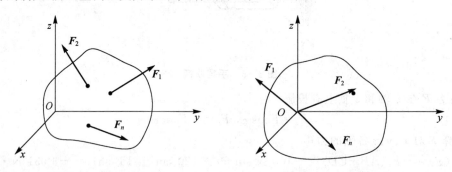

图 3-6 空间一般力系　　　　图 3-7 空间汇交力系

$$\sum F_x = 0, \quad \sum F_y = 0, \quad \sum F_z = 0 \tag{3-8}$$

（2）空间平行力系

各力作用线互相平行的空间力系称为空间平行力系（见图 3-8）。取坐标系 $Oxyz$，令 z 轴与力系中各力平行，则不论力系是否平衡，都自然满足 $\sum F_x = 0$，$\sum F_y = 0$，$\sum M_z(F) = 0$。于是空间平行力系的平衡方程为

$$\sum F_z = 0, \quad \sum M_x(\boldsymbol{F}) = 0, \quad \sum M_y(\boldsymbol{F}) = 0 \tag{3-9}$$

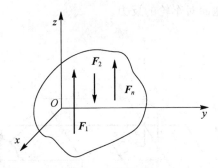

图 3-8 空间平行力系

【例 3-3】 有一空间支架固定在相互垂直的墙上(见图 3-9),支架由垂直于两墙的铰接二力杆 OA、OB 和钢绳 OC 组成。已知 $\theta = 30°$,$\varphi = 60°$,O 点吊一重量 $G = 1.2$ kN 的重物(见图 3-9(a))。试求两杆和钢绳所受的力。图中 O、A、B、D 在同一水平面上,杆和绳的重量忽略不计。

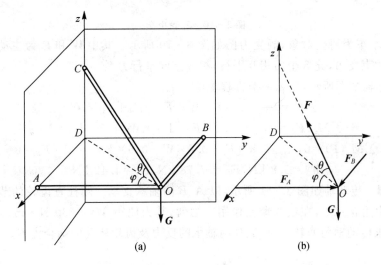

(a)   (b)

图 3-9 空间支架

解:① 选研究对象,画受力图。取铰链 O 为研究对象,设坐标系为 $Dxyz$,受力如图 3-9(b)所示。

② 列平衡方程式,求未知量,即

$$\sum F_x = 0, \quad F_B - F\cos\theta\sin\varphi = 0$$

$$\sum F_y = 0, \quad F_A - F\cos\theta\cos\varphi = 0$$

$$\sum F_z = 0, \quad F\sin\theta - G = 0$$

$$F = \frac{G}{\sin\theta} = \frac{1.2 \text{ kN}}{\sin 30°} = 2.4 \text{ kN}$$

解上述方程得

$$F_A = F\cos\theta\cos\varphi = 2.4 \text{ kN} \cos 30°\cos 60° = 1.04 \text{ kN}$$

$$F_B = F\cos\theta\sin\varphi = 2.4 \text{ kN}\cos 30°\sin 60° = 1.8 \text{ kN}$$

【例 3－4】 三轮小车自重 $W=8$ kN,作用于点 C,载荷 $F=10$ kN,作用于点 E,如图 3－10所示。求小车静止时地面对车轮的反力。

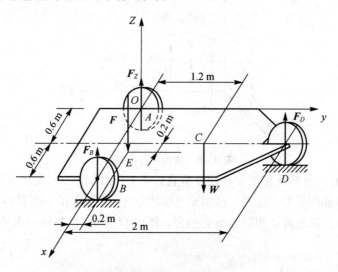

图 3－10 三轮小车

解:① 选小车为研究对象,画受力图如图 3－10所示。其中 W 和 F 为主动力,F_A、F_B、F_D 为地面的约束反力,此 5 个力相互平行,组成空间平行力系。

② 取坐标轴如图所示,列出平衡方程求解

$$\sum F_z=0, \qquad -F-W+F_A+F_B+F_D=0$$

$$\sum M_x(\boldsymbol{F})=0, \quad -0.2\times F-1.2\times W+2\times F_D=0$$

$$\sum M_y(\boldsymbol{F})=0, \qquad 0.8\times F+0.6\times W-0.6\times F_D-1.2\times F_B=0$$

得 $\qquad F_D=5.8$ kN,$F_B=7.78$ kN,$F_A=4.42$ kN

【例 3－5】 传动轴如图 3－11所示,以 A、B 两轴承支承。圆柱直齿轮的节圆直径 $d=17.3$ mm,压力角 $\alpha=20°$,在法兰盘上作用一力偶,其力偶矩 $M=1030$ N·m。如轮轴自重和摩擦不计,求传动轴匀速转动时 A、B 两轴承的反力及齿轮所受的啮合力 F。

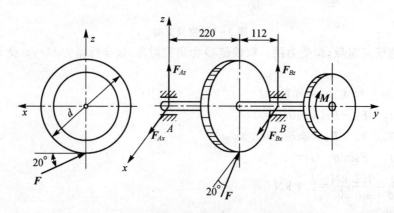

图 3－11 传动轴

解:① 取整个轴为研究对象。设 A、B 两轴承的反力分别为 $\boldsymbol{F}_{Ax}$、$\boldsymbol{F}_{Az}$、$\boldsymbol{F}_{Bx}$、$\boldsymbol{F}_{Bz}$,并沿 x、z

轴的正向,此外还有力偶 M 和齿轮所受的啮合力 F,这些力构成空间一般力系。

② 取坐标轴如图所示,列平衡方程

$$\sum M_y(\boldsymbol{F})=0, \quad -M+F\cos 20°\times\frac{d}{2}=0$$

$$\sum M_x(\boldsymbol{F})=0, \quad F\sin 20°\times 220\ \text{mm}+F_{Bz}\times 332\ \text{mm}=0$$

$$\sum M_z(\boldsymbol{F})=0, \quad -F_{Bx}\times 332\ \text{mm}+F\cos 20°\times 220\ \text{mm}=0$$

$$\sum F_x=0, \quad F_{Ax}+F_{Bx}-F\cos 20°=0$$

$$\sum F_z=0, \quad F_{Az}+F_{Bz}+F\sin 20°=0$$

联立求解以上各式

得
$$F=12.67\ \text{kN}, F_{Bz}=-2.87\ \text{kN}, F_{Bx}=7.89\ \text{kN},$$
$$F_{Ax}=4.02\ \text{kN}, F_{Az}=-1.46\ \text{kN}$$

3.4　重心及其计算

重力是地球对物体的引力,如果将物体看成由无数的质点组成,则重力便组成空间平行力系,这个力系的合力的大小就是物体的重量。不论物体如何放置,其重力的合力作用线相对于物体总是通过一个确定的点,这个点称为物体的**重心**(见图 3-12 中的 C 点)。

不论是在日常生活里还是在工程实际中,确定物体重心的位置都具有重要的意义。例如,当用手推车推重物时,只有重物的重心正好与车轮轴线在同一铅垂面内时,才能比较省力;起重机吊起重物时,吊钩应位于被吊物体重心的正上方,以保证起吊过程中物体保持平稳;电机转子、飞轮等旋转部件在设计、制造与安装时,都要求它的重心尽量靠近轴线,否则将产生强烈的振动,甚至引起破坏;而振动打桩机、混凝土捣实机等则又要求其转动部分的重心偏离转轴一定距离,以得到预期的振动。

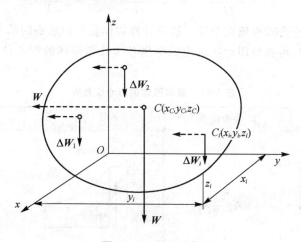

图 3-12　重心坐标

根据合力矩定理可推导出物体重心位置坐标公式为

$$x_c = \frac{\sum \Delta w_i x_i}{w}, \qquad y_c = \frac{\sum \Delta w_i y_i}{w}, \qquad z_c = \frac{\sum \Delta w_i z_i}{w} \qquad (3-10)$$

式 3-10 中,ΔW_i 为组成物体的微小部分的重量,其重心位置为 C_i。W 是整个物体的重量,重心在 C 处,且 $W = \sum \Delta W_i$,x_c,y_c,z_c 是物体重心坐标,x_i,y_i,z_i 是 ΔW_i 的重心坐标,如图 3-12 所示。

若物体是均质的,则各微小部分的重力 ΔW_i 与其体积 ΔV_i 成正比,物体的重量 W 也必按相同的比例与物体总体积 V 成正比。于是式(3-10)可变为

$$x_c = \frac{\sum \Delta v_i x_i}{v}, \qquad y_c = \frac{\sum \Delta v_i y_i}{v}, \qquad z_c = \frac{\sum \Delta v_i z_i}{v} \qquad (3-11)$$

可见,均质物体的重心位置完全取决于物体的形状,即均质物体的重心与**体积形心**重合。

若物体不仅是均质的,而且是等厚平板,消去式(3-11)中的板厚,则得其平面图形的形心坐标公式为

$$x_c = \frac{\sum \Delta A_i x_i}{A}, \qquad y_c = \frac{\sum \Delta A_i y_i}{A}, \qquad z_c = \frac{\sum \Delta A_i z_i}{A} \qquad (3-12)$$

求物体重心时,须注意:

(1) 利用物体的对称性求重心

很多常见的物体往往具有一定的对称性,如具有对称面、对称轴或对称中心,此时重心必在物体的对称面、对称轴或对称中心上。

(2) 积分法

在求基本规则形体的形心时,可将形体分割成无限多块微小的形体。在此极限情况下,式(3-10)、式(3-11)和式(3-12)均可写成定积分形式。

重心公式

$$x_c = \frac{\int_c x \, \mathrm{d}G}{G}, \qquad y_c = \frac{\int_c y \, \mathrm{d}G}{G}, \qquad z_c = \frac{\int_c z \, \mathrm{d}G}{G} \qquad (3-13)$$

体积、面积等形心公式可依此类推。这是计算物体重心和形心的基本方法。

机械设计手册中,可查得用此法求出的常用基本几何形体的形心位置,表3-1列出了其中的几种。

表 3-1 基本形体的形心位置表

图　形	形心位置	图　形	形心位置
三角形 	$y_c = \dfrac{h}{3}$ $A = \dfrac{1}{2} bh$	抛物线 	$x_c = \dfrac{1}{4} l$ $y_c = \dfrac{3}{10} b$ $A = \dfrac{1}{3} hl$

图 形	形心位置	图 形	形心位置
梯形 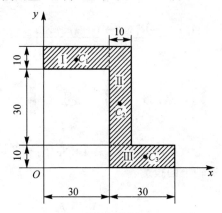	$y_c=\dfrac{h(a+2b)}{3(a+b)}$ $A=\dfrac{h}{2}(a+b)$	扇形	$x_c=\dfrac{2r\sin\alpha}{3a}$ $A=ar^2$ 半圆的 $\alpha=\dfrac{\pi}{2}$ $x_c=\dfrac{4r}{3\pi}$

(3) 组合体的重心求法

工程中很多构件往往是由几个简单的基本形体组合而成的,即所谓组合体,若组合体中每一基本形体的重心(或形心)是已知的,则整个组合体的重心(或形心)可用式(3-11)或式(3-12)求出。

【例 3-6】 试求 Z 形截面重心的位置,如图 3-13 所示。

图 3-13 求 Z 形截面重心的位置

解:将 Z 形截面看作由Ⅰ、Ⅱ、Ⅲ三个矩形面积组合而成,每个矩形的面积和重心位置可方便求出。取坐标轴如图 3-13 所示,则

Ⅰ:$A_1=300$ mm^2,$x_1=15$ mm,$y_1=45$ mm

Ⅱ:$A_2=400$ mm^2,$x_2=35$ mm,$y_2=30$ mm

Ⅲ:$A_3=300$ mm^2,$x_3=45$ mm,$y_3=5$ mm

按式(3-12)求得该截面重心的坐标 x_c、y_c 为

$$x_c=\frac{\sum\Delta A_i x_i}{A}=\frac{300\times15+400\times35+300\times45}{300+400+300}=32\,(\text{mm})$$

$$y_c=\frac{\sum\Delta A_i y_i}{A}=\frac{300\times45+400\times30+300\times5}{300+400+300}=27\,(\text{mm})$$

【例 3-7】 求图 3-14 所示图形的形心,已知大圆的半径为 R,小圆的半径为 r,两圆的中心距为 a。

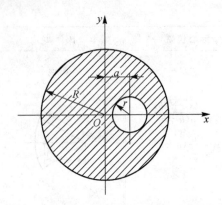

图 3-14 求图形的形心

解：取坐标系如图所示，因图形对称于 x 轴，其形心在 x 轴上，故 $y_c = 0$。

图形可看作由两部分组成，挖去的面积以负值代入，两部分图形的面积和形心坐标为

$$A_1 = \pi R^2, \quad x_1 = y_1 = 0$$
$$A_2 = -\pi r^2, \quad x_2 = a, \quad y_2 = 0$$

由式(3-12)可得

$$x_c = \frac{A_1 x_1 + A_2 x_2}{A_1 + A_2} = \frac{\pi R^2 \times 0 + (-\pi r^2) \times a}{\pi R^2 + (-\pi r^2)} = -\frac{ar^2}{R^2 - r^2}$$

3.5 习 题

3-1 已知在边长为 a 的正六面体上有 $F_1 = 6$ kN，$F_2 = 2$ kN，$F_3 = 4$ kN，如题3-1图所示。试计算各力在三坐标轴上的投影。

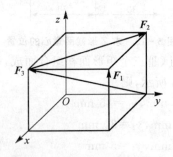

题 3-1 图

3-2 水平圆轮上 A 处有一力 $F = 1$ kN 作用，F 在垂直平面内，与过 A 点的切线成夹角 $\alpha = 60°$，OA 与 y 向之夹角 $\beta = 45°$，$h = r = 1$ m，如题3-2图所示。试计算 F_x、F_y、F_z 及 $M_x(\boldsymbol{F})$、$M_y(\boldsymbol{F})$、$M_z(\boldsymbol{F})$ 之值。

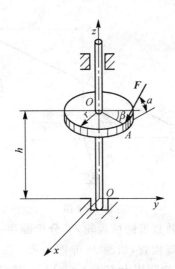

题 3-2 图

3-3　已知作用于手柄之力 $F=100$ N，$AB=10$ cm，$BC=40$ cm，$CD=20$ cm，$\alpha=30°$，如题 3-3 图所示。试求 F 对 y 轴之矩。

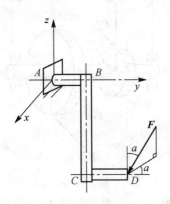

题 3-3 图

3-4　重物的重力 $G=10$ kN，悬挂于支架 $CABD$ 上，各杆角度如题 3-4 图所示。试求 CD、AD 和 BD 3 个杆所受的内力。

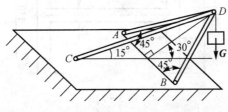

题 3-4 图

3-5　起重机装在三轮小车 ABC 上。已知起重机的尺寸为：$AD=DB=1$ m，$CD=1.5$ m，$CM=1$ m，$KL=4$ m。机身连同平衡锤 F 共重 $P_1=100$ kN，作用在 G 点，G 点在平面 MNF 之内，到机身轴线 MN 的距离 $GH=0.5$ m，如题 3-5 图所示，所举重物 $P_2=30$ kN。求当起重机的平面 LMN 平行于 AB 时车轮对轨道的压力。

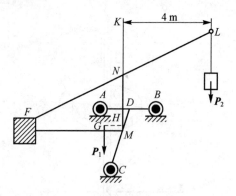

题 3－5 图

3－6 变速箱中间轴装有两直齿圆柱齿轮，其分度圆半径 $r_1 = 100$ mm，$r_2 = 72$ mm，啮合点分别在两齿轮的最低与最高位置，如题 3－6 图所示。图中的尺寸单位为 mm。已知齿轮压力角 $\alpha = 20°$。在齿轮 1 上的圆周力 $F_1 = 1.58$ kN。试求当轴平衡时作用于齿轮 2 上的圆周力 F_2 与 A、B 轴承的反力。

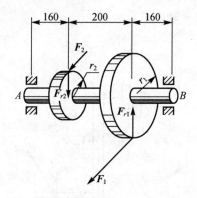

题 3－6 图

3－7 求对称工字形钢截面的形心，尺寸如题 3－7 图所示。

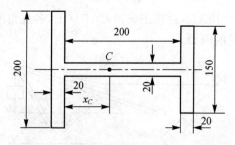

题 3－7 图

3－8 水平传动轴 AB 上装有两个皮带轮 C 和 D，与轴 AB 一起转动，如题 3－8 图所示。带轮的半径分别为 $r_1 = 200$ mm 和 $r_2 = 250$ mm，带轮与轴承间的距离为 $a = b = 500$ mm，两带轮间的距离 $c = 1\,000$ mm。套在轮 C 上的皮带是水平的，其拉力为 $F_1 = 2F_2 = 5\,000$ N；套在轮 D 上的皮带与铅直线成角 $\alpha = 30°$，其拉力为 $F_3 = 2F_4$。求在平衡情况下，拉力 F_3 和 F_4 的值，并求由皮带拉力所引起的轴承反力。

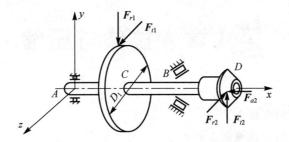

题 3-8 图

3-9 轴上装有直齿圆柱齿轮和直齿圆锥齿轮。圆柱齿轮 C 的直径 $D_1 = 200$ mm,其上作用有圆周力 $F_{t1} = 7.16$ kN,径向力 $F_{r1} = 2.6$ kN,圆锥齿轮在其平均直径处(平均直径 $D_2 = 100$ mm)作用有径向力 $F_{r2} = 4.52$ kN,轴向力 $F_{a2} = 2.6$ kN,圆周力 F_{t2}。若已知 $AC = CB = BD = 100$ mm,求圆周力 F_{t2} 和轴承 A、B 的反力。

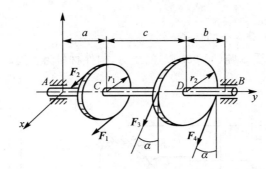

题 3-9 图

第4章 拉伸与压缩

本章要点

● 轴向拉伸与压缩的概念。

● 轴向拉伸或压缩时横截面上的内力和应力。

● 材料拉伸压缩时的力学性能。

● 轴向拉伸或压缩时的变形。

4.1 引　言

在学习本章之前,先看一个的例子。

有一个 C 型构件承受 3 吨(30 000 N)的压力,构件材料为普通碳钢,如图 4－1 所示,问此构件强度是否合格。

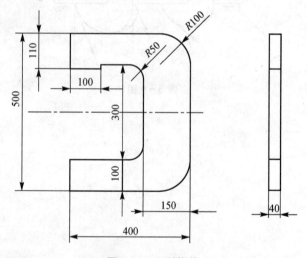

图 4－1　C 型构件

下面通过用 SolidWorks(2008 版)的自带插件 COSMOSXpress 来解决这个问题。

① 在 SolidWorks 中建立零件立体模型,并选定材料为普通碳钢,其屈服强度为 220 MPa。

② 选择 SolidWorks→"工具/COSMOSXpress"菜单项启动 COSMOSXpress,界面如图 4－2 所示。单击"选项",选择单位系统为"SI",选中"在应力图解中显示最大最小注解",单击"下一步"进入材料编辑栏。

图 4 - 2 COSMOSXpress 界面

③ 因第①步建模时已选好材料,所以材料选择显示当前材质为:普通碳钢。单击"下一步"进入"约束"界面。

④ 在"约束"界面按提示单击"下一步"进入下一界面,如图 4 - 3 所示,为约束 1 选中如图 4 - 4 所示面为约束面,此时约束选择界面会出现如图 4 - 3 右下所示"面<1>",且界面上方"约束"前已打上"√",表明已约束好。单击"下一步"进入"载荷"界面。

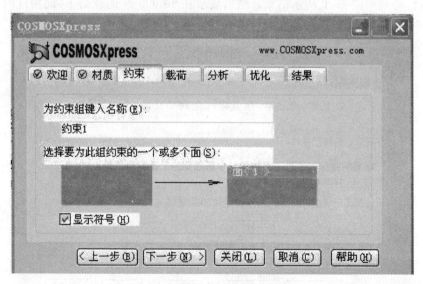

图 4 - 3 约束选择界面

⑤ 单击"下一步",选中"力",再单击"下一步",为"载荷 1"选中如图 4 - 5 所示面作为加载面,"面<1>"会出现在界面中。

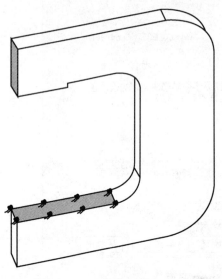
图 4-4 约束面

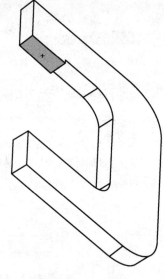
图 4-5 加载面

⑥ 单击"下一步"进入载荷大小设置界面,选中"与每个所选面正交",在力值一栏中输入 30 000,单位为牛顿。单击"下一步",界面上方"载荷"前已打上"√",载荷已加载好。单击"下一步"进入"分析"界面。

⑦ 在"分析"界面选中"是(推荐)",单击"下一步",在新界面中单击"运行"运行此算例。

⑧ 运行得到如图 4-6 所示结果。结果显示在 30 000 N 的载荷下,此构件的安全系数为 1.472 66,安全系数大于 1,说明此构件强度合格。

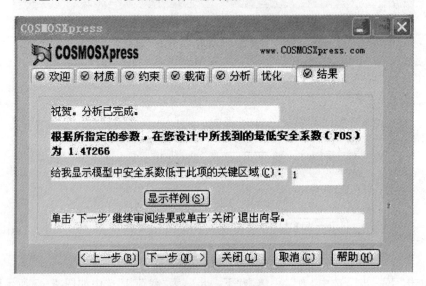
图 4-6 算例运行结果

⑨ 单击"下一步"进入"优化"界面,选择"否"不优化,单击"下一步",返回"结果"界面,选中"给我显示模型中的应力分布",单击"下一步",可得到如图 4-7 所示应力分布图,从图中可清楚地看到构件的最大应力为 149.8 MPa,小于材料的屈服极限 220 MPa,最小应力为

0.041 83 MPa,且指明了发生处。

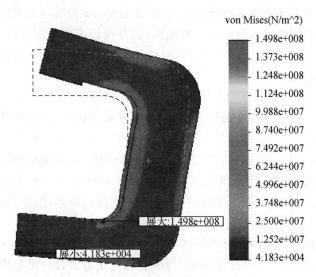

图 4-7 应力分布图

⑩ 选中"给我显示模型中的位移分布",单击"下一步",可得到如图 4-8 所示位移分布图,图中显示构件在载荷作用下的最大变形量为 1.06 mm。

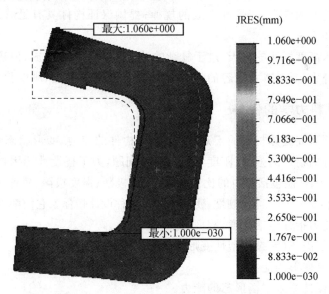

图 4-8 位移分布图

在此算例中,得到安全系数大于1,说明构件强度合格。如果设定构件的最大允许变形量为 1 mm,而构件的计算变形为 1.06 mm,大于许用变形量,即说明构件的刚度不合格。

在解决 C 型构件是否合格的过程中遇到约束、力、安全系数、位移等,这些是强度与刚度验算所必须的,都需要从工程力学基础的学习中得到解决,也是强度与刚度验算必需学习的内容。

工程力学所包含的内容极其广泛,这里只涉及与强度、刚度验算相关的静力学和材料力学的相关内容。静力学部分仅研究物体的受力和平衡基本规律,材料力学仅研究物体在外力作用下的变形和失效现象最基本规律,二者都是强度与刚度验算必需的基本知识。

在生产实践中常用的机械设备和工程结构,都是由许多构件组成的。构件丧失正常功能的现象称为失效。构件的失效形式很多,但在工程力学范畴内的失效通常可分为3类:强度失效、刚度失效和稳定失效。

强度失效是指构件在外力作用下发生不可恢复的塑性变形或断裂。例如,起重机吊起重物时绳索被拉断;销钉产生塑性变形等。由此可知强度是指构件抵抗塑性变形或断裂的能力。

刚度失效是指构件在外力作用下产生过量的弹性变形。如齿轮传动的轴,若其弹性变形过大,不仅会影响齿轮间的正常啮合、缩短齿轮的使用寿命,而且会加大轴与轴承的磨损,从而导致传动机构失效;电机轴如果变形过大,不仅会减小转子与定子之间规定的间隙,增加功率损耗,甚至可能使转子与定子接触,造成严重事故。因此,刚度是指构件抵抗过量弹性变形的能力。

稳定失效是指构件在某种外力(如轴向压力)作用下,失去平稳。如千斤顶中的螺杆、内燃机中凸轮机构的推杆等,由于过于细长,当所受轴向压力超过一定数值时,便会从直线的平衡状态突然变弯,致使各自所属的机器失去正常功能。因此,稳定性是指构件保持原有平衡形式的能力。

综上所述,强度与刚度验算主要任务是分析并确定构件所受各种外力的大小和方向;研究在外力作用下构件的内力、变形和失效的规律;提供保证构件具有足够的强度、刚度和稳定性的设计准则和方法。

在计算机技术高度发达的今天,过于复杂的计算可由计算机完成,但还是需要给定构件所受约束和所受外力,通过本章内容的学习,初步形成构件的强度、刚度验算的能力。

4.1.1　材料力学的任务

材料力学主要研究固体材料的宏观力学性能,构件的应力、变形状态和破坏准则,以解决杆件或类似杆件的物件的强度、刚度和稳定性等问题,为工程设计选用材料和构件尺寸提供依据。材料的力学性能包括材料的比例极限、屈服极限、强度极限、延伸率、断面收缩率、弹性模量、横向变形因数、硬度、冲击韧性、疲劳极限等各种设计指标。它们都需要用实验测定。

构件的承载能力指标包括强度、刚度、稳定性。

强度:构件抵抗破坏(断裂或塑性变形)的能力。

刚度:构件抵抗变形的能力。

稳定性:构件保持原来平衡形态的能力。

4.1.2　变形固体的基本假设

变形固体——在外力作用下发生变形的物体。变形固体的实际组成及其性质是很复杂的,为了分析和简化计算将其抽象为理想模型,做如下基本假设:

① **连续性假设**:认为组成固体的物质不留空隙地充满了固体的体积(某些力学量可作为点的坐标的函数)。

② **均匀性假设**:认为固体内到处有相同的力学性能。

③ **各向同性假设**：认为无论沿任何方向固体的力学性能都是相同的。

④ **小变形假设**：以原始尺寸代替变形后尺寸。

各向同性材料如钢、铜、玻璃等；各向异性材料如胶合板，某些人工合成材料、复合材料等。

4.1.3 外力及其分类

1. 分布力或分布载荷

作用于构件的外力又可称为载荷，是一个物体对另一物体的作用力。按外力作用方式可以分为体积力和表面力。作用在杆件内部各个质点上的力称为**体积力**，例如重力、电磁力、惯性力等。体积力的单位是牛/米³，记为 N/m^3。表面力是作用于物体表面上的力，又可分为**分布力**和**集中力**。沿某一面积连续作用于结构上的外力，称为分布力或分布载荷，用 q 来表示，单位用牛/米² 或兆牛/米²，分别记为 N/m^2，和 MN/m^2。压力容器内部的气体或液体对容器内壁的作用力，风对建筑物墙面的作用力及水对水坝的作用力等都是表面力，均为分布载荷。沿长度方向分布的分布力单位用牛/米或千牛/米，分别记为 N/m，kN/m。这里主要研究沿长度（轴向）方向分布的载荷，例如，楼板对屋梁的作用力，即以沿梁轴线每单位长度作用多少力来度量。一般情况下 q 是轴向坐标的函数 $q = q(x)$，$q(x)$ 称为分布载荷。如果 q 在其分布长度内为常数，则称为均布载荷。

2. 集中力或集中载荷

若外力分布的面积远小于受力物体的整体尺寸，或沿长度的分布长度远小于轴线的长度，则这样的外力可以看成是作用于一点的集中力。如火车车轮对钢轨的压力、汽车对大桥桥面的压力等都可看作是集中力。集中力的单位是牛顿或千牛，分别记为 N 和 kN。

3. 集中力偶

载荷以力偶的形式施加在杆件上，如图 4 - 9 所示。

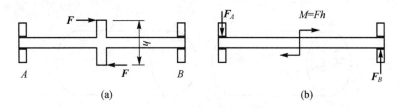

图 4 - 9 力偶作用于杆件

4. 静载荷与动载荷

若载荷由零缓慢地增加到某一定值后即保持不变，则这样的载荷称为静载荷。随时间变化的载荷则为动载荷。动载荷又可分为交变载荷和冲击载荷。随时间作周期性变化的载荷称为交变载荷，如齿轮转动时轮齿所受载荷。物体的运动在瞬时内发生突变所引起的载荷称为冲击载荷，如急刹车时飞轮的轮轴、锻压时汽锤杆所受载荷等。材料在静载荷和动载荷作用下的力学行为有很大差别，分析方法也不完全相同。

5. 约束反力

与分离体相连的物体对分离体的作用称为约束，其作用力称为约束力或约束反力。有关约束反力在前面已有描述，这里不在赘述。

通常,载荷是作为已知力给出的,而约束反力需要经过平衡分析求解出来。

4.1.4　内力、截面法和应力的概念

1. 内力(附加内力)

物体因受外力而变形,其内部各部分之间因相对位置改变而引起的相互作用就是内力。即使不受外力,物体的各质点之间依然存在着相互作用的力。材料力学中的内力,是指外力作用下,上述相互作用力的变化量,所以是物体内部各部分之间因外力而引起的附加相互作用力,即"附加内力"。这样的内力随外力的增大而加大,到达某一限度时就会引起构件破坏,因而它与构件的强度是密切相关的。

2. 截面法

为了研究构件内力的分布及大小,通常采用截面法。它的过程可归纳为以下 3 个步骤:

①　在需要求内力的截面处,假想用一垂直于轴线的截面把构件分成两个部分,保留其中任一部分作为研究对象,称之为分离体;

②　将弃去的另一部分对保留部分的作用力用截面上的内力代替;

③　对保留部分(分离体)建立平衡方程式,由已知外力求出截面上内力的大小和方向。

应指出,在使用截面法求内力时,构件在被截开前,静力学中的力系等效替换及力的可传性是不适用的。截面法是材料力学分析内力的基本方法。

3. 应力

同一种材料制成横截面积不同的两根直杆,在相同轴向拉力的作用下,其杆内的轴力相同。但随拉力的增大,横截面小的杆必定先被拉断。这说明单凭轴力 F_N 并不能判断拉(压)杆的强度,即杆件的强度不仅与内力的大小有关,而且还与截面面积有关,即与内力在横截面上分布的密集程度(简称集度)有关,为此引入应力的概念。

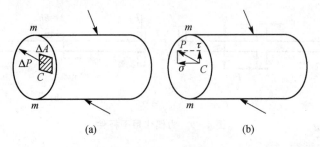

(a) (b)

图 4-10　截面上的应力

要了解受力杆件在截面 $m-m$ 上的任意一点 C 处的分布内力集度,可假想将杆件在 $m-m$ 处截开,在截面上围绕 C 点取微小面积 ΔA,ΔA 上分布内力的合力为 Δp(见图 4-10 (a)),将 Δp 除以面积 ΔA,即

$$p_m = \frac{\Delta p}{\Delta A} \qquad (4-1)$$

p_m 称为在面积 ΔA 上的平均应力,它尚不能精确表示 C 点处内力的分布状况。当面积无限趋近于零时,比值 $\frac{\Delta p}{\Delta A}$ 的极限才真实地反映任意一点 C 处内力的分布状况,即

$$p = \lim_{\Delta A \to 0} \frac{\Delta p}{\Delta A} = \frac{\mathrm{d}p}{\mathrm{d}A} \tag{4-2}$$

上式 p 定义为 C 点处**内力**的分布集度,称为该点处的**总应力**。其方向一般既不与截面垂直也不与截面相切。通常,将它分解成与截面垂直的法向分量和与截面相切的切向分量(见图 4-10(b)),法向分量称为**正应力**,用 σ 表示;切向分量称为**切应力**,用 τ 表示。

将总应力用正应力和切应力这两个分量来表达具有明确的物理意义,因为它们和材料的两类破坏现象——拉断和剪切错动——相对应。因此,今后在强度计算中一般只计算正应力和切应力,而不计算总应力。

应力的单位为帕,用 Pa 表示。$1\ \mathrm{Pa} = 1\ \mathrm{N/m^2}$,常用单位为兆帕(MPa)。

$1\ \mathrm{MPa} = 10^6\ \mathrm{Pa} = 1\ \mathrm{MN/mm^2} = 1\ \mathrm{N/mm^2}$,$1\ \mathrm{GPa} = 10^9\ \mathrm{Pa}$。

4.1.5 杆件变形的基本形式

1. 基本变形

(1) 轴向拉伸或压缩

受力特征:受一对作用线与杆轴线重合的外力的作用。

变形特征:沿杆的轴线方向伸长或缩短,如图 4-11 所示。

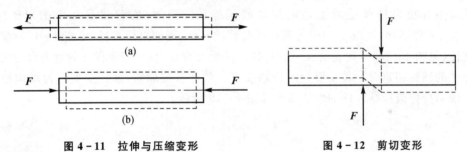

图 4-11 拉伸与压缩变形　　　　　图 4-12 剪切变形

(2) 剪切

受力特征:杆件受一对大小相等、指向相反、作用线相距很近的横向外力的作用。

变形特征:杆件的两部分沿外力作用方向发生相对错动,变形为平行四边形,如图 4-12 所示。

(3) 扭转

受力特征:在垂直于杆件轴线的平面内作用一对大小相等、方向相反的外力偶。

变形特征:杆件的任意两个横截面发生绕轴线的相对转动,如图 4-13 所示。

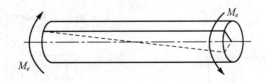

图 4-13 扭转变形

(4) 弯曲

受力特征:在包含杆轴的纵向平面内作用一对大小相等、方向相反的力偶或在垂直于杆件轴线方向作用横向力。

变形特征:相邻横截面将绕垂直于杆轴线的轴发生相对转动,杆件轴线由直线变为曲线,如图 4－14 所示。

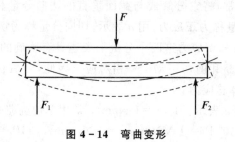

图 4－14 弯曲变形

2. 组合变形

当杆件同时发生两种或两种以上基本变形时称为组合变形。

4.2 拉伸与压缩的概念和实例

工程中有很多杆件是承受轴向拉伸或压缩的。例如,旋臂式吊车中的 *AB* 杆(见图 4－15)、紧固螺栓(见图 4－16)等都是受拉伸的杆件,而油缸活塞杆(见图 4－17)、建筑物中的支柱(见图 4－18)等则是受压缩的杆件。其受力特点为:作用于杆件的外力合力的作用线与杆件的轴线相重合。其变形为沿杆轴线方向的伸长或缩短,这种变形称为**轴向拉伸或压缩**。轴向拉伸或压缩杆件的力学简图如图 4－19 所示。

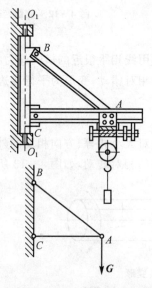

图 4－15 旋臂式吊车

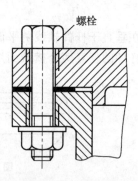

图 4－16 紧固螺栓

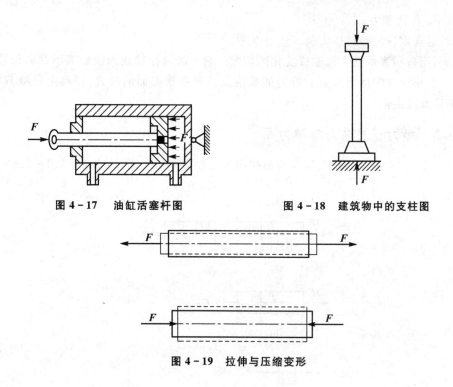

图 4-17 油缸活塞杆图　　　　**图 4-18 建筑物中的支柱图**

图 4-19 拉伸与压缩变形

4.3 轴向拉伸或压缩时横截面上的内力和应力

4.3.1 内力、轴力图

为了显示拉(压)杆横截面上的内力,沿横截面 m-m 假想地把杆件分成两部分。杆件左右两段在横截面 m-m 上相互作用的内力是一个分布力系,其合力为 F_N,如图 4-20 所示。

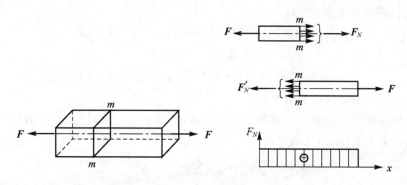

图 4-20 拉伸与压缩时的内力

由左段的平衡条件 $\sum F_x = 0$,得

$$F_N - F = 0,\ F_N = F$$

因为外力 F 的作用线与杆件轴线重合,内力的合力 F_N 的作用线也必然与杆件的轴线

重合,所以 F_N 称为轴力。

轴力符号规定:拉为正,压为负。

轴力图:用折线表示轴力沿轴线变化的情况。它一般以杆轴线为横轴表示截面位置,纵轴表示轴力大小。它能确定出最大轴力的数值及其所在横截面的位置,即确定危险截面位置,为强度计算提供依据。

4.3.2 多力杆的轴力与轴力图

【例 4-1】 杆件在 A、B、C、D 各截面作用外力如图 4-21 所示,求 1-1、2-2、3-3 截面处轴力。

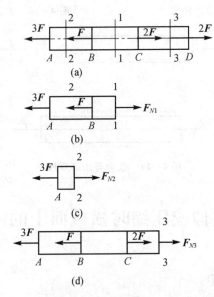

图 4-21 作杆的轴力图

解:由截面法,沿各所求截面将杆件切开,取左段为研究对象,在相应截面分别画上轴力 F_{N1}、F_{N2}、F_{N3},列平衡方程

$$\sum Fx=0, F_{N1}-3F-F=0, F_{N1}=3F+F=4F \qquad (a)$$

$$F_{N2}-3F=0, F_{N2}=3F \qquad (b)$$

$$F_{N3}+2F-3F-F=0, F_{N3}=3F+F-2F=2F \qquad (c)$$

从(a)、(b)、(c),不难得到以下结论:

拉(压)杆各截面上的轴力在数值上等于该截面一侧(研究段)所有外力的代数和。外力离开该截面时取为正,指向该截面时取为负。即

$$F_N=\sum_{i=1}^{n}F_i \qquad (4-3)$$

【例 4-2】 图 4-22a 表示一等截面直杆,其受力情况如图所示,试作其轴力图。

解:① 作杆的受力图(见图 4-22(b)),求约束反力 F_A。

根据 $\sum F_x=0$, $-F_A-F_1+F_2-F_3+F_4=0$

得 $F_A=-40 \text{ kN}+55 \text{ kN}-25 \text{ kN}+20 \text{ kN}=10 \text{ kN}$

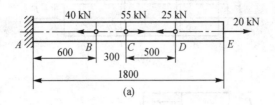

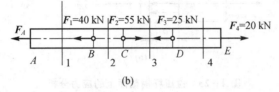

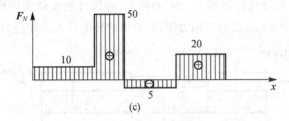

图 4 - 22　作杆的轴力图

② 求各段横截面上的轴力并作轴力图。

计算轴力可用截面法,亦可直接应用结论(4-3)式,因而不必再逐段截开及作研究段的分离体图。在计算时,取截面左侧或右侧均可,一般取外力较少的轴段为好。

AB 段:$F_{N1}=F_A=10$ kN(考虑左侧)

BC 段:$F_{N2}=F_A+F_1=10$ kN$+40$ kN$=50$ kN(考虑左侧)

CD 段:$F_{N3}=F_4-F_3=20$ kN-25 kN$=-5$ kN(考虑右侧)

DE 段:$F_{N4}=F_4=20$ kN(考虑右侧)

由以上计算结果可知,杆件在 CD 段受压,其他各段均受拉。最大轴力 $F_{N\max}$ 在 BC 段,其轴力图如图 4 - 22(c)所示。

4.3.3　轴向拉伸或压缩时横截面上的应力

平面假设:变形前原为平面的横截面,变形后仍保持为平面。由该假设可以推断,拉杆所有纵向纤维的伸长相等。又因材料是均匀的,各纵向纤维的性质相同,因而其受力也相同。所以杆件横截面上各点处的正应力都相等,σ 等于常量,如图 4 - 23 所示,其计算公式为

$$\sigma=\frac{F_N}{A} \tag{4-4}$$

式中,F_N 为轴力,A 为横截面面积。当为压力时,它同样可用于压应力计算。和轴力的符号规则一样,规定拉应力为正,压应力为负。注意:外力的合力作用线与轴线一致时才可应用。

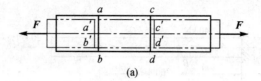

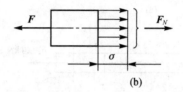

图 4 - 23 拉压杆横截面上的应力分析

【**例 4 - 3**】 一钢制阶梯杆如图 4 - 24(a)所示,各段杆的横截面面积为:$A_1 = 1\,600$ mm²,$A_2 = 625$ mm²,$A_3 = 900$ mm²,试画出轴力图,并求出此杆的最大工作应力。

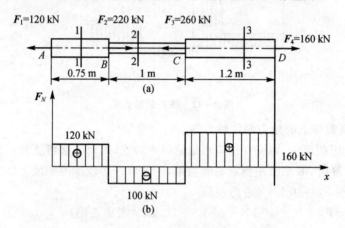

图 4 - 24 钢制阶梯杆

解: ① 求各段轴力。根据式(4 - 1)得

$$F_{N1} = F_1 = 120 \text{ kN}$$

$$F_{N2} = F_1 - F_2 = 120 \text{ kN} - 220 \text{ kN} = -100 \text{ kN}$$

$$F_{N3} = F_4 = 160 \text{ kN}$$

② 作轴力图。由各横截面上的轴力值,作出轴力图(见图 4 - 24(b))。

③ 求最大应力。根据式(4 - 2)得

AB 段 $\sigma_{AB} = \dfrac{F_{N1}}{A} = \dfrac{12 \times 10^4 \text{ N}}{1\,600 \times \text{mm}^2} = 75 \text{ MPa}$ (拉应力)

BC 段 $\sigma_{BC} = \dfrac{F_{N2}}{A} = -\dfrac{100 \times 10^3 \text{ N}}{625 \text{ mm}^2} = -160 \text{ MPa}$ (压应力)

CD 段 $\sigma_{CD} = \dfrac{F_{N3}}{A} = \dfrac{160 \times 10^3 \text{ N}}{900 \text{ mm}^2} = 178 \text{ MPa}$ (拉应力)

由计算可知,杆的最大应力为拉应力,在 CD 段内,其值为 178 MPa。

【**例 4 - 4**】 圆杆上有一穿透直径的槽,如图 4 - 25 所示。已知圆杆直径 $d = 20$ mm,槽

的宽度为 $d/4$,设拉力 $F=30$ kN,试求最大正应力(槽对杆的横截面积削弱量可近似按矩形计算)。

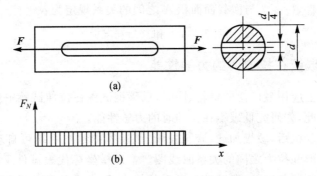

(a)

(b)

图 4-25 有一穿透直径的槽的圆杆

解:① 求内力。杆的轴力(见图 4-25(b))。

$$F_N = F = 30 \text{ kN}$$

② 确定危险截面面积。

由轴力图可知,受力杆件任意截面上的轴力相等,但中间一段因开槽而使截面面积减小,故杆的危险截面应在开槽段,即最大应力应发生在该段,开槽段的横截面积为

$$A = \pi d^2/4 - d \times d/4 = (d^2/4) \times (\pi - 1)$$

③ 计算危险段上的最大正应力

$$\sigma_{max} = \frac{F_N}{A} = \frac{30 \times 10^3 \text{ N}}{\dfrac{(20 \text{ mm})^2}{4}(\pi - 1)} = 140 \text{ MPa}$$

4.4 材料在拉伸和压缩时的力学性能

分析构件的强度时,除计算构件在外力作用下的应力外,还应了解材料的力学性能。所谓材料的力学性能主要是指材料在外力作用下表现出的变形和破坏方面的特性。了解材料的机械性质主要是依靠试验的方法。

在室温下,以缓慢平稳加载的方式进行的拉伸试验,称为常温、静载拉伸试验。它是确定材料机械性质的基本试验。拉伸试件的形状如图 4-26 所示,中间较细,两端加粗。在中间等直部分取长为 l 的一段作为工作段,l 称为标距。为了便于比较不同材料的试验结果,应将试件加工成标准尺寸。

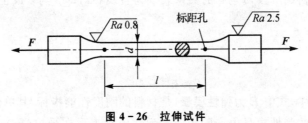

图 4-26 拉伸试件

对圆截面试件,标距 l 与横截面直径 d 有两种比例:

$$l=10d \quad 和 \quad l=5d$$

对矩形截面试件,标距 l 与横截面面积 A 之间的关系规定为:

$$l=11.3\sqrt{A} \quad 和 \quad l=5.65\sqrt{A}$$

4.4.1 低碳钢在拉伸时的力学性能

低碳钢是工程上应用最广泛的材料,同时,低碳钢试件在拉伸试验中所表现出来的力学性能最为典型。因此,先研究低碳钢在拉伸时的力学性能。

将试件装上试验机后,缓慢加载,直至拉断,试验机的绘图系统可自动绘出试件在试验过程中工作段的变形和拉力之间的关系曲线图。常以横坐标代表试件工作段的伸长 Δl,纵坐标代表试验机上的载荷读数,即试件上所受的拉力 F,此曲线称为拉伸图或 $F\text{-}\Delta l$ 曲线,如图 4-27(a)所示。

试件的拉伸图不仅与试件的材料有关,而且与试件的几何尺寸有关。用同一种材料做成粗细不同的试件,由试验所得的拉伸图差别很大。所以,不宜用试件的拉伸图表征材料的拉伸性能。将拉力 F 除以试件横截面原面积 A,得试件横截面上的应力 σ。将伸长 Δl 除以试件的标距 l,得试件的应变 ε。以 ε 和 σ 分别为横坐标与纵坐标,这样得到的曲线则与试件的尺寸无关,此曲线称为应力-应变图或 $\sigma\text{-}\varepsilon$ 曲线。

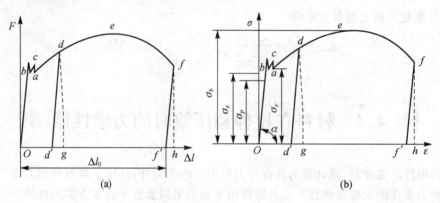

(a)   (b)

图 4-27 低碳钢拉伸时的 $\sigma\text{-}\varepsilon$ 曲线

1. 材料的刚度指标

图 4-27(b)所示为 Q235 钢的 $\sigma\text{-}\varepsilon$ 曲线。从图中可见,整个拉伸过程可分为 4 个阶段:

第 I 阶段 弹性阶段

在试件拉伸的初始阶段,σ 与 ε 的关系表现为直线 Oa,即 σ 与 ε 成正比,即 $\sigma \propto \varepsilon$,直线的斜率为

$$\tan \alpha = \frac{\sigma}{\varepsilon} = E$$

所以有

$$\sigma = E \cdot \varepsilon$$

这就是胡克定律,式中 E 为**弹性模量**,是材料的刚度性能指标,其单位与应力相同,常用单位为 GPa。材料的弹性模量由实验测定。弹性模量表示在受拉(压)时,材料抵抗弹性变

形的能力。

直线 Oa 的最高点 a 所对应的应力称为**比例极限**,用 σ_p 表示。即只有应力低于比例极限,胡克定律才能适用。Q235 钢的比例极限 $\sigma_p \approx 200$ MPa。弹性阶段的最高点 b 所对应的应力是材料保持弹性变形的极限点,称为**弹性极限**,用 σ_e 表示。此时,在 ab 段已不再保持直线,但如果在 b 点卸载,试件的变形还将会完全消失。由于 a、b 两点非常接近,所以工程上对弹性极限和比例极限并不严格区分。

2. 材料的强度指标

第 Ⅱ 阶段　屈服阶段

当应力超过弹性极限时,σ-ε 曲线上将出现一个近似水平的锯齿形线段(图 4-27 中的 bc 段),这表明,应力在此阶段基本保持不变,而应变却明显增加。此阶段称为屈服阶段或流动阶段。若试件表面光滑,可看到其表面有与轴线大约呈 45° 的条纹,称为滑移线,如图 4-28 所示。在屈服阶段中,对应于曲线最高点与最低点的应力分别称为上屈服点应力和下屈服点应力。通常,下屈服点应力值较稳定,故一般将下屈服点应力作为材料的**屈服点应力**,用 σ_s 表示。Q235 钢的屈服点应力 $\sigma_s \approx 240$ MPa。

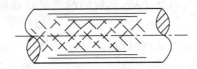

图 4-28　滑移线

当材料屈服时,将产生显著的塑性变形。通常,在工程中是不允许构件在塑性变形的情况下工作的,所以 σ_s 是衡量材料强度的重要指标。

第 Ⅲ 阶段　强化阶段

经过屈服阶段后,图中 ce 段曲线又逐渐上升,表示材料恢复了抵抗变形的能力,且变形迅速加大,这一阶段称为强化阶段。强化阶段中的最高点 e 所对应的是材料所能承受的最大应力,称为**强度极限**,用 σ_b 表示。强化阶段中,试件的横向尺寸明显缩小。Q235 钢的强度极限 $\sigma_b \approx 400$ MPa。

第 Ⅳ 阶段　局部变形阶段

在强化阶段,试件的变形基本是均匀的。过 e 点后,变形集中在试件的某一局部范围内,横向尺寸急剧减少,形成缩颈现象。由于在缩颈部分横截面面积明显减少,使试件继续伸长所需要的拉力也相应减少,故在 σ-ε 曲线中,应力由最高点下降到 f 点,最后试件在缩颈段被拉断,这一阶段称为局部变形阶段。

上述拉伸过程中,材料经历了弹性变形、屈服、强化和局部变形 4 个阶段。对应前 3 个阶段的 3 个特征点,其相应的应力值依次为比例极限 σ_p、屈服点应力 σ_s 和强度极限 σ_b。对低碳钢来说,屈服点应力和强度极限是衡量材料强度的主要指标。

3. 材料的塑性指标

试件拉断后,材料的弹性变形消失,塑性变形则保留下来,试件长度由原长 l 变为 l_1。试件拉断后的塑性变形量与原长之比以百分比表示,即

$$\delta=[(l_1-l)/l]\times100\% \qquad\qquad (4-5)$$

式中，δ 称为**断后伸长率**。

断后伸长率是衡量材料塑性变形程度的重要指标之一。Q235 钢的断后伸长率 $\delta\approx20\%\sim30\%$。断后伸长率越大，材料的塑性性能越好，工程上将 $\delta\geqslant5\%$ 的材料称为塑性材料，如低碳钢、铝合金、青铜等均为常见的塑性材料。$\delta<5\%$ 的材料称为脆性材料，如铸铁、高碳钢、混凝土等均为脆性材料。

衡量材料塑性变形程度的另一个重要指标是**断面收缩率** ψ。设试件拉伸前的横截面积为 A，拉断后断口横截面面积为 A_1，以百分比表示的比值，即

$$\psi=[(A-A_1)/A]\times100\% \qquad\qquad (4-6)$$

断面收缩率越大，材料的塑性越好。Q235 钢的断面收缩率约为 50%。

4. 冷作硬化现象

图 4-29(a) 表示低碳钢的拉伸图。设载荷从零开始逐渐增大，拉伸图曲线将沿 $Odef$ 线变化直至 f 点发生断裂为止。经过弹性阶段以后，若从某点（例如 d 点）开始卸载，则力与变形间的关系将沿与弹性阶段直线大体平行的 dd'' 线回到 d'' 点。若卸载后从 d'' 点开始继续加载，曲线将首先大体沿 $d''d$ 线回至 d 点，然后仍沿未经卸载的曲线 def 变化，直至 f 点发生断裂为止。

可见在再次加载过程中，直到 d 点以前，试件变形是弹性的，过 d 点后才开始出现塑性变形。比较图 4-29(a)、(b) 所示的两条曲线，说明在第二次加载时，材料的比例极限得到提高，而塑性变形和伸长率有所降低。在常温下，材料经加载到产生塑性变形后卸载，由于材料经历过强化，从而使其比例极限提高、塑性性能降低的现象称为**冷作硬化**。

冷作硬化可以提高构件在弹性范围内所能承受的载荷，同时也降低了材料继续进行塑性变形的能力。一些弹性元件及操纵钢索等常利用冷作硬化现象进行预加工处理，以使其能承受较大的载荷而不产生残余变形。冷压成形时，希望材料具有较大塑性变形的能力。因此，常设法防止或消除冷作硬化对材料塑性的影响，例如，在工序间进行退火等。

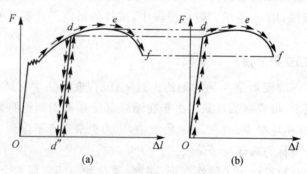

图 4-29 冷作硬化现象

4.4.2 其他塑性材料在拉伸时的机械性质

许多金属拉伸时，并不都具有像低碳钢的 σ-ε 曲线中的 4 个阶段。为便于比较，现将工程中常用的几种塑性材料的 σ-ε 曲线和低碳钢的 σ-ε 曲线置于同一图中（见图 4-30），可

以看出,强铝、退火球墨铸铁均没有屈服阶段,其他三个阶段则很明显;而锰钢仅有弹性阶段和强化阶段,没有屈服阶段和局部变形阶段。这些材料的共同特点是伸长率均较大,它们和低碳钢一样都是塑性材料。对于这类没有明显屈服阶段的塑性材料,工程上通常以产生0.2%塑性应变时所对应的应力值作为衡量材料强度的指标,此应力称为材料的条件屈服应力,用 $\sigma_{p0.2}$ 表示(见图 4 - 31)。

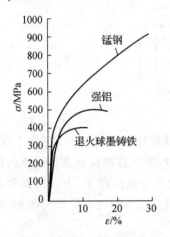

图 4 - 30　其他塑性材料
在拉伸时的 σ - ε 曲线

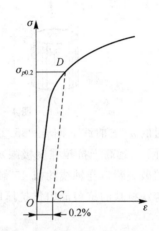

图 4 - 31　没有明显屈服阶段的
塑性材料拉伸时的 σ - ε 曲线

对于脆性材料,例如灰口铸铁,从图 4 - 32 所示的 σ - ε 曲线可以看出,从开始受拉到断裂,没有明显的直线部分(图中实线)。一般可将该曲线近似地视为直线(图中虚线),即认为胡克定律在此范围内仍然适用。图中亦无屈服阶段和局部变形阶段,断裂是突然发生的,断口齐平,断后伸长率约为 0.4% ～ 0.5%,故为典型的脆性材料。强度极限 σ_b 是衡量铸铁强度的唯一指标。

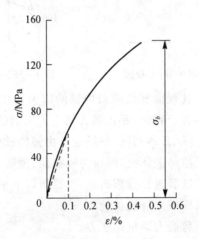

图 4 - 32　灰口铸铁拉伸时的 σ - ε 曲线

4.4.3　材料在压缩时的力学性能

在试验机上做压缩试验时,考虑到试件可能被压弯,金属材料选用短粗圆柱试件,如图

4-33所示,其高度为直径的1~3倍。图4-34中实线表示低碳钢压缩时的$\sigma\text{-}\varepsilon$曲线。将其与拉伸时的$\sigma\text{-}\varepsilon$曲线(图中虚线)比较,可以看出,在弹性阶段和屈服阶段,拉、压的$\sigma\text{-}\varepsilon$曲线基本重合。这表明,拉伸和压缩时,低碳钢的比例极限、屈服点应力及弹性模量大致相同。与拉伸试验不同的是,当试件上压力不断增大,试件的横截面积也不断增大,试件越压越扁而不破裂,故不能测出它的抗压强度极限。

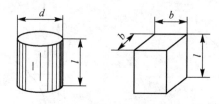

图4-33 压缩试件

铸铁压缩时的$\sigma\text{-}\varepsilon$曲线如图4-35实线所示。与其拉伸时的$\sigma\text{-}\varepsilon$曲线(图中虚线)相比,抗压强度极限$\sigma_{bc}$远高于抗拉强度极限$\sigma_b$(约3~4倍),所以脆性材料宜作受压构件。铸铁试件压缩时的破裂断口与轴线约成45°倾角,这是因为受压试件在45°方向的截面上存在最大切应力。铸铁材料的抗剪能力比抗压能力差,当达到剪切极限应力时首先在45°截面上被剪断。

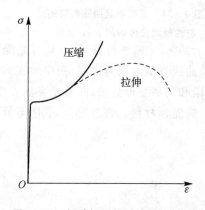

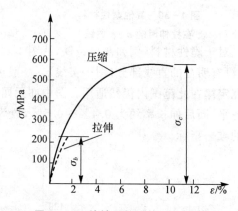

图4-34 低碳钢压缩时的$\sigma\text{-}\varepsilon$曲线　　　　图4-35 铸铁压缩时的$\sigma\text{-}\varepsilon$曲线

低碳钢试件拉伸断裂时,其颈缩部位断口内部的应力比较复杂,但仔细观察,不难发现断口边缘与轴线约呈45°的斜面,可知这是由最大切应力引起的。前面已经得到塑性材料具有相同的抗拉与抗压性能(σ_p、σ_s、E均相同)的结论。由铸铁试件压缩破坏可知,它的抗压能力优于抗剪能力,而铸铁试件拉伸破坏时,断口为横截面,说明它的抗剪能力优于抗拉能力。因此,对不同材料拉伸和压缩试验进行分析研究,可得出以下重要结论:

塑性材料:抗拉能力=抗压能力>抗剪能力。

脆性材料:抗压能力>抗剪能力>抗拉能力。

通过拉伸和压缩试验,可以获得材料力学性能的下述3类指标:

① 刚度指标:弹性模量E;

② 强度指标:屈服点应力σ_s($\sigma_{p0.2}$)和强度极限σ_b(σ_{bc});

③ 塑性指标:断后伸长率δ和断面收缩率ψ。

几种常用金属材料的力学性能见表 4-1,表中所列数据是在常温和静载荷(即缓慢加载)的条件下测得的,其他材料的力学性能可查阅机械设计手册等有关资料。

表 4-1 常用材料的主要力学性能

材料名称	牌 号	σ_s/MPa	σ_b/MPa	$\sigma_5(\%)$
普通碳素钢	Q235	235	372~392	25~27
	Q275	274	490~519	21
优质碳素钢	35	314	529	20
	45	353	598	15
	50	372	527	14
低合金钢	09MuV	294	431	22
	12Mn	280	500	20
合金钢	20Cr	539	833	10
	40Cr	784	980	9
	30CrMnSi	882	1078	8
铝合金	LY12	274	412	19

4.5 轴向拉伸或压缩时的强度计算

4.5.1 极限应力、许用应力、安全因数

工程上将使材料丧失正常工作能力的应力称为**极限应力**或**危险应力**,用 σ_u 表示。对于塑性材料,当应力达到屈服点应力 σ_s(或 $\sigma_p0.2$)时,构件将发生明显的塑性变形而影响其正常工作。此时,一般认为材料已经破坏。故对塑性材料规定用屈服点应力为其极限应力或危险应力,所以 $\sigma_u = \sigma_s$(或 $\sigma_{p0.2}$)。

脆性材料直到拉断时也无明显的塑性变形,其破坏表现为断裂,故用材料的强度极限 σ_b(或 σ_{bc})作为极限应力或危险应力,即 $\sigma_u = \sigma_b$(或 σ_{bc})

构件在载荷作用下产生的应力称为**工作应力**。等直杆最大轴力处的横截面称为危险截面,危险截面上的应力称为最大工作应力。

为使构件正常工作,最大工作应力应小于材料的极限应力,并使构件留有必要的强度储备。因此,一般将极限应力除以一个大于 1 的系数,即**安全因数** n,作为强度设计时的最大许可值,称为**许用应力**,用 $[\sigma]$ 表示,即

$$[\sigma] = \frac{\sigma_u}{n} \tag{4-7}$$

对于塑性材料

$$[\sigma] = \frac{\sigma_s}{n_s} \text{ 或 } [\sigma] = \frac{\sigma_{p0.2}}{n_s} \tag{4-8}$$

对于脆性材料

$$[\sigma]=\frac{\sigma_b}{n_b} \quad 或 \quad [\sigma]=\frac{\sigma_{lx}}{n_b} \qquad (4-9)$$

式中，n_s、n_b分别为对应屈服点应力和强度极限的安全因数。各种材料在不同工作条件下的安全因数和许用应力值，可从有关规定或设计手册中查到。在静载荷作用下，一般杆件的安全因数为：$n_s=1.5\sim2.5$，$n_b=2.0\sim3.5$。

工程中必须考虑安全因素是出于以下诸多原因：材料的极限应力是在标准试件上获得的，而构件所处的工作环境和受载情况不可能与试验条件完全相同；构件与试件的材料虽然相同，但很难保证材质完全一致；由于对外载荷的估算可能带来误差；对结构、尺寸的简化可能造成计算偏差等。

安全因数的选取，关系到工程设计的安全和经济这一对矛盾问题。安全因数越大，强度储备越多，构件则越偏于安全，但不经济；反之，只考虑经济，安全性可能会下降。因此，在进行强度计算时，应注意根据实际合理地选取安全因数。

4.5.2 强度计算

为保证轴向拉（压）杆件在外力作用下具有足够的强度，应使杆件的最大工作应力不超过材料的许用应力，由此建立强度条件

$$\sigma_{\max}=\frac{F_N}{A}\leqslant[\sigma] \qquad (4-10)$$

上述强度条件，可以解决 3 种类型的强度计算问题：

强度校核：若已知杆件尺寸 A、载荷 F 和材料的许用应力$[\sigma]$，则可应用式（4-10）验算杆件是否满足强度要求，即

$$\sigma_{\max}\leqslant[\sigma]$$

设计截面尺寸：若已知杆件的工作载荷及材料的许用应力$[\sigma]$，则由式（4-10）可得

$$A\geqslant\frac{F_N}{[\sigma]}$$

由此确定满足强度条件的杆件所需的横截面面积，从而得到相应的截面尺寸。

确定许可载荷：若已知杆件尺寸和材料的许用应力$[\sigma]$，由式（4-10）可确定许可载荷，即

$$F_{N\max}\leqslant[\sigma]A$$

由上式可计算出已知杆件所能承担的最大轴力，从而确定杆件的最大许可载荷。

必须指出，对受压直杆进行强度计算时，式（4-10）仅适用较粗短的直杆。对细长的受压杆，应进行稳定性计算。关于稳定性问题，将在后面讨论。

【例 4-5】 图 4-36(a)所示为一刚性梁 ACB 由圆杆 CD 在 C 点悬挂连接，B 端作用有集中载荷 $F=25$ kN。已知：CD 杆的直径 $d=20$ mm，许用应力$[\sigma]=160$ MPa。① 校核 CD 杆的强度；② 试求结构的许可载荷$[F]$；③ 若 $F=50$ kN，试设计 CD 杆的直径 d。

解：① 校核 CD 杆强度：作 AB 杆的受力图，如图 4-36b，由平衡条件 $\sum M_A=0$，得

$$F_{CD}\cdot 2l-3F\cdot l=0, \quad F_{CD}=\frac{3}{2}F$$

求 CD 杆的应力,杆上的轴力 $F_N = F_{CD}$

故 $$\sigma_{CD} = \frac{F_{CD}}{A} = \frac{6F}{\pi d^2} = \frac{6(25 \times 10^3 \text{ N})}{\pi (20 \text{ mm})^2} = 119.4 \text{ MPa} < [\sigma]$$

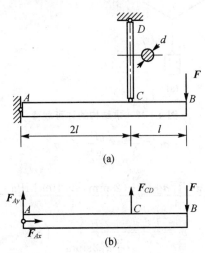

图 4-36 刚性梁

所以 CD 杆安全。

② 求结构的许可载荷 $[F]$

由 $$\sigma_{CD} = \frac{F_{CD}}{A} = \frac{6F}{\pi d^2} \leqslant [\sigma]$$

故 $$F \leqslant \frac{\pi d^2 [\sigma]}{6} = \frac{\pi (20 \text{ mm})^2 (160 \text{ MPa})}{6} = 33.5 \times 10^3 \text{ N} = 33.5 \text{ kN}$$

由此得结构的许可载荷 $[F] = 33.5 \text{ kN}$。

③ 若 $F = 50 \text{ kN}$,设计圆柱直径 d

由 $$\sigma_{CD} = \frac{F_{CD}}{A} = \frac{6F}{\pi d^2} \leqslant [\sigma]$$

故 $$d \geqslant \sqrt{\frac{6F}{\pi [\sigma]}} = \sqrt{\frac{6(50 \times 10^3 \text{ N})}{\pi (160 \text{ MPa})}} = 24.4 \text{ mm}$$

取 $d = 25 \text{ mm}$。

【例 4-6】 重物 P 由铜丝 CD 悬挂在钢丝 AB 之中点 C(见图 4-37(a))。已知:铜丝直径 $d_1 = 2 \text{ mm}$,许用应力 $[\sigma]_1 = 100 \text{ MPa}$,钢丝直径 $d_2 = 1 \text{ mm}$,许用应力 $[\sigma]_2 = 240 \text{ MPa}$,且 $\alpha = 30°$,试求结构的许可载荷。若不更换铜丝和钢丝,要提高许可载荷,钢丝绳相应的夹角为多少(结构仍然保持对称)?

解:① 求结构的许可载荷。

以点 C 为研究对象,作受力图(见图 4-37(b)),设铜丝和钢丝的拉力分别为 F_{N1} 和 F_{N2}

考虑点 C 的平衡,应用平衡条件 $\sum F_y = 0$,$2F_{N2} \sin \alpha = F_{N1} = P$

$$F_{N2} = \frac{P}{2\sin \alpha} \tag{a}$$

根据式(4-10),对铜丝

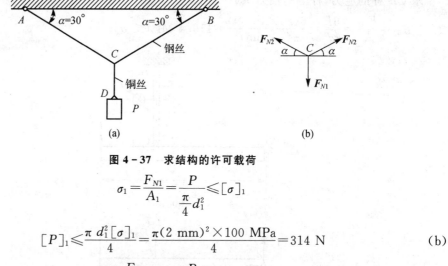

图 4-37 求结构的许可载荷

$$\sigma_1 = \frac{F_{N1}}{A_1} = \frac{P}{\frac{\pi}{4}d_1^2} \leqslant [\sigma]_1$$

故 $\qquad [P]_1 \leqslant \frac{\pi d_1^2 [\sigma]_1}{4} = \frac{\pi (2\ \text{mm})^2 \times 100\ \text{MPa}}{4} = 314\ \text{N}$ $\qquad$ (b)

对钢丝 $\qquad \sigma_2 = \frac{F_{N2}}{A_2} = \frac{P}{\frac{\pi}{4}d_2^2 2\sin\alpha} \leqslant [\sigma]_2$

故 $\qquad [P]_2 \leqslant \frac{\pi d_2^2 \sin\alpha [\sigma]_2}{2} = \frac{\pi (1\ \text{mm})^2 \times \sin 30° \times 240\ \text{MPa}}{2} = 188\ \text{N}$ $\qquad$ (c)

为保证安全,结构的许可载荷应取较小值,即 $[P] = 188\ \text{N}$。

② 求钢丝绳的夹角。

若铜丝和钢丝都不更换,要提高结构的承载能力,由式(c)可知,只有调整钢丝绳的角度。在 $0 \leqslant \alpha \leqslant \frac{\pi}{2}$ 之间,钢丝的许可载荷随 α 角的增加而增加,当钢丝的许可载荷与铜丝的许可载荷相等时(即 $[P]_1 = [P]_2 = 314\ \text{N}$),则该结构的的承载能力为最大,设此时对应的钢丝绳角度为 α^*,

当 $\qquad [P]_2 = \frac{\pi d_2^2 [\sigma]_2 \sin\alpha^*}{2} \Longrightarrow 314\ \text{N}$ 时

则有 $\qquad \alpha^* = \arcsin\left[\frac{2 \times 314\ \text{N}}{\pi d_2^2 [\sigma]_2}\right] = \arcsin\left[\frac{2 \times 314\ \text{N}}{\pi (1\ \text{mm})^2 \times 240\ \text{MPa}}\right] = 56.4°$

因此,当 $\alpha = \alpha^* = 56.4°$ 时,结构的许用载荷可提高为 $[P]_2 = [P]_1 = 314\ \text{N}$。

4.6　轴向拉伸或压缩时的变形

轴向拉伸(或压缩)时,杆件的变形主要表现为沿轴向的伸长(或缩短),即纵向变形。由实验可知,当杆沿轴向伸长(或缩短)时,其横向尺寸也会相应缩小(或增大),即产生垂直于轴线方向的横向变形。

4.6.1　纵向变形

设一等截面直杆原长为 l,横截面面积为 A。在轴向拉力 F 的作用下,长度由 l 变为 l_1

（见图 4-38a）。杆件沿轴线方向的伸长为 $\Delta l = l_1 - l$，拉伸时 Δl 为正，压缩时 Δl 为负。

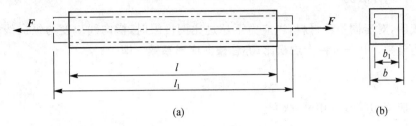

图 4-38　拉伸时纵向与横向变形

杆件的伸长量与杆的原长有关，为了消除杆件长度的影响，将 Δl 除以 l，即以单位长度的伸长量来表征杆件变形的程度，称为**线应变**或**相对变形**，用 ε 表示（ε 无量纲）：

$$\varepsilon = \frac{\Delta l}{l} \tag{4-11}$$

4.6.2　胡克定律

实验证明：当杆件横截面上的正应力不超过比例极限时，杆件的伸长量 Δl 与轴力 F_N 及杆原长 l 成正比，与横截面面积 A 成反比。即

$$\Delta l \propto \frac{F_N l}{A}$$

引入比例常数 E，则上式可写为

$$\Delta l = \frac{F_N l}{EA} \tag{4-12}$$

上式称为**胡克定律**，这是胡克定律的另一形式。

由式（4-12）可看出，EA 越大，杆件的变形 Δl 就越小，故称 EA 为杆件**抗拉（压）刚度**。工程上常用材料的弹性模量见表 4-2。

表 4-2　常用材料的 E 和 ν

材　料	E/GPa	ν
碳素钢	200～210	0.24～0.30
合金钢	185～205	0.25～0.30
灰口铸铁	80～150	0.23～0.27
铜及其合金	72.5～128	0.31～0.42
铝合金	70	0.25～0.33

4.6.3　横向变形

在轴向力作用下，杆件沿轴向伸长（缩短）的同时，横向尺寸也将缩小（增大）。设横向尺寸由 b 变为 b_1（见图 4-25(b)），$\Delta b = b_1 - b$，则横向线应变 ε'（无量纲）为

$$\varepsilon' = \frac{\Delta b}{b} \tag{4-13}$$

4.6.4 泊松比

实验表明,对于同一种材料,当应力不超过比例极限时,横向线应变与纵向线应变之比的绝对值为常数。比值 ν 称为**泊松比**,亦称**横向变形系数**。即

$$\nu = \left| \frac{\varepsilon'}{\varepsilon} \right| \qquad\qquad (4-13a)$$

由于这两个应变的符号恒相反,故有

$$\varepsilon' = -\nu \cdot \varepsilon \qquad\qquad (4-13b)$$

泊松比 ν 是材料的另一个弹性常数,由实验测得。工程上常用材料的泊松比见表 4-2。

【例 4-7】 如图 4-39 所示,M12 螺栓内径 $d_1 = 10.1$ mm,拧紧后在计算长度 $l = 80$ mm 内产生的总伸长为 $\Delta l = 0.03$ mm。钢的弹性模量 $E = 210$ GN/m²。试计算螺栓内的应力和螺栓的预紧力。

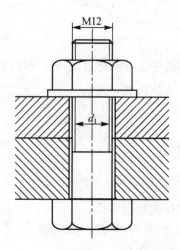

图 4-39 计算螺栓内的应力和螺栓的预紧力

解: 拧紧后螺栓的应变为:

$$\varepsilon = \frac{\Delta l}{l} = \frac{0.03}{80} = 0.000\ 375$$

由胡克定律求出螺栓横截面上的拉应力为:

$$\sigma = E\varepsilon = 210 \times 10^9 \times 0.000\ 375 \ \text{N/m}^2 = 78.8 \times 10^6 \ \text{N/m}^2 = 78.8 \ \text{MN/m}^2$$

螺栓的预紧力为:

$$P = A\sigma = \frac{\pi}{4} \times (10.1 \times 10^{-3})^2 \times 78.8 \times 10^6 \ \text{N} = 6\ 310 \ \text{N} = 6.31 \ \text{kN}$$

也可以先由胡克定律的另一表达式求出预紧力,然后再计算应力。

【例 4-8】 图 4-40(a) 为一阶梯形钢杆,已知杆的弹性模量 $E = 200$ GPa,AC 段的截面面积为 $A_{AB} = A_{BC} = 500$ mm²,CD 段的截面面积为 $A_{CD} = 200$ mm²,杆的各段长度及受力情况如图 4-40(a) 所示。试求:① 杆截面上的内力和应力;② 杆的总变形。

解: 此题可直接用式(4-1)求各截面内力。

① 求各截面上的内力

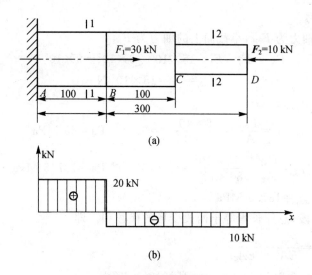

(a)

(b)

图 4-40 阶梯形钢杆

BC 段与 CD 段 $\qquad$ $F_{N2}=-F_2=-10 \text{ kN}=-10 \text{ kN}$ $\qquad$ (受压)

AB 段 $\qquad$ $F_{N1}=F_1-F_2=30 \text{ kN}-10 \text{ kN}=20 \text{ kN}$ $\qquad$ (受拉)

② 画轴力图(见图 4-40(b))。

③ 计算各段应力

AB 段 $\qquad$ $\sigma_{AB}=\dfrac{F_{N1}}{A_{AB}}\dfrac{20\times10^3 \text{ N}}{500 \text{ mm}^2}=40 \text{ MPa}$ $\qquad$ (拉应力)

BC 段 $\qquad$ $\sigma_{BC}=\dfrac{F_{N2}}{A_{AB}}=-\dfrac{10^4 \text{ N}}{500 \text{ mm}^2}=-20 \text{ MPa}$ $\qquad$ (压应力)

CD 段 $\qquad$ $\sigma_{CD}=\dfrac{F_{N2}}{A_{CD}}=-\dfrac{10^4 \text{ N}}{200 \text{ mm}^2}=-50 \text{ MPa}$ $\qquad$ (压应力)

④ 杆的总变形。

全杆总变形 Δl_{AD} 等于各段杆变形的代数和,即

$$\Delta l_{AD}=\Delta l_{AB}+\Delta l_{BC}+\Delta l_{CD}=\frac{F_{N1}l_{AB}}{EA_{AB}}+\frac{F_{N2}l_{BC}}{EA_{BC}}+\frac{F_{N2}l_{CD}}{EA_{CD}}$$

将有关数据代入,并注意单位和符号,即得

$$\Delta l_{AD}=\frac{1}{200\times10^3 \text{ MPa}}\times\left[\frac{(20\times10^3 \text{ N})\times(100 \text{ mm})}{500 \text{ mm}^2}-\frac{(10^4 \text{ N})\times(100 \text{ mm})}{500 \text{ mm}^2}-\frac{(10^4 \text{ N})\times(100 \text{ mm})}{200 \text{ mm}^2}\right]$$

$$=-0.015 \text{ mm}$$

计算结果为负,说明整个杆件是缩短的。

【例 4-9】 图 4-41 所示为直杆受力 $F_1=15 \text{ kN}$,$F_2=6 \text{ kN}$,其横截面面积分别为 $A_1=150 \text{ mm}^2$,$A_2=80 \text{ mm}^2$,试求横截面上的最大正应力。并知长度 $l_1=1\,000 \text{ mm}$,$l_2=1\,000 \text{ mm}$,材料的弹性模量 $E=210\times10^3 \text{ MPa}$,试求杆件的总伸长量。

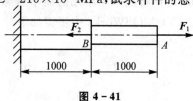

图 4-41

解: ① 计算轴力

设大截面上的轴力为 F_{N1},小截面上的轴力为 F_{N2}

$$F_{N1} = F_1 - F_2 = 15 \times 10^3 - 6 \times 10^3 = 9 \times 10^3 \text{ N}$$

$$F_{N2} = F_1 = 15 \times 10^3 \text{ N}$$

② 计算正应力

$$\sigma_1 = \frac{F_{N1}}{A_1} = \frac{9 \times 10^3}{150 \times 10^{-6}} = 6 \times 10^7 \text{ Pa} = 60 \text{ MPa}$$

$$\sigma_2 = \frac{F_{N2}}{A_2} = \frac{15 \times 10^3}{80 \times 10^{-6}} = 1.875 \times 10^8 \text{ Pa} = 187.5 \text{ MPa}$$

最大正应力为 $\sigma_{max} = 187.5 \text{ MPa}$

③ 此杆件有两段,总伸长量等于两段变形的代数和。即

$$\Delta l = \Delta l_1 + \Delta l_2 = \frac{F_N l_1}{EA_1} + \frac{F_N l_2}{EA_2}$$

$$= \left(\frac{9 \times 10^3 \times 1}{210 \times 10^9 \times 150 \times 10^{-6}} + \frac{15 \times 10^3 \times 1}{210 \times 10^9 \times 80 \times 10^{-6}} \right)$$

$$= 1.179 \times 10^3 \text{ m} = 1.179 \text{ mm}$$

4.7 COSMOSWorks 简介

COSMOSWorks 是一种基于有限元分析技术(即 FEA 数值技术)的设计分析软件。在数学术语中,FEA 也称为有限单元法,是一种求解关于场问题的一系列偏微分方程的数值方法。这类问题涉及到许多的工程学科,如机械设计、声学、电磁学、液体动力学等。在机械工程中,有限元分析被广泛地应用在结构、振动的传热问题上。

作为一个强有力的工程分析工具,FEA 可以解决从简单到复杂的各种问题。一方面,设计工程师使用 FEA 在产品研发过程中分析设计改进,由于时间和可用的产品数据的限制,需要对所分析的模型做许多简化;另一方面,专家们使用 FEA 来解决一些非常深奥的问题,如车辆碰撞动力学、金属成型和生物结构分析。

不管问题简单或复杂、涉及领域多么广泛,有限元的第一步总是相同的,都是从几何模型开始,在 SolidWorks 中,首先从零件或装配体开始,给模型分配材料属性,定义载荷和约束,再使用数值近似的方法,将模型离散化以便分析。

离散化过程也就是网格划分过程,即将几何体部分成相对小且形状简单的实体,这此实体称为有限元。将单元称为"有限"的,是为了强调单元不是无限的,而是与整个模型的尺寸相比程度小,单元越小,则计算结果越精确,但计算量就越大。

使用有限元工作时,FEA 求解器将把单个单元的简单解综合成对整个模型的近似解得到期望的结果,如变形或应力。COSMOSWorks 中步骤如下:

① 建立数学模型;

② 建立有限元模型;

③ 求解有限元模型;

④ 结果分析。

无论是数学模型或是有限元都是很复杂的,但用在 COSMOSWorks 环境中对于需要求的问题,只需给足所需的初始条件即可,不需要知道数学是怎样、有限元是如何计算的,只需关心所需的结果。对于工程人员来说只要熟悉软件的操作环境,给定条件,即可得到所需结果。

【例 4－10】 用 SolidWorks 插件 COSMOSWorks 求解例 4－9。

解: ① 建立立体模型。设杆件为圆柱体,$A_1=150$ mm^2,则 A_1 段的直径为 13.823 mm,$A_2=80$ mm^2,则 A_2 段的直径为 10.095 mm。在 SolidWorks 中新建零件,以右视基准面为草图绘制直径为 13.823 mm 的圆,拉伸 1 000 mm 为圆柱,再拉伸出直径为 10.095 mm 的圆柱,命名"拉伸轴"并保存。

② 单击 SolidWorks"工具 → 插件"菜单项,在弹出的插件栏中选中 COSMOSWorks2008,并单击插件栏下方"确定"启动 COSMOSWorks,在界面左上设计树上会出现如图 4－42 所示图标,单击该图标,进入 COSMOSWorks 环境,如图 4－43 所示。

③ 右击"拉伸轴",如图 4－43 所示,在弹出的菜单中单击"选项"→"系统选项"菜单项,单击其左上"默认选项",进入默认选项栏,选择右边"系统单位"为"公制(I)(MKS)","单位"中"长度/位移 L"单位为毫米,"压力/应力(P)"单位为 N/m^2。

④ 右击"拉伸轴",如图 4－43 所示,在弹出的菜单中单击"算例",算例名称为"算例1",可自行命名,类型为"静态",单击其左上"√"确定,则建立了一个名为"算例1"的算例(见图 4－44)。

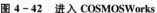

图 4－42 进入 COSMOSWorks

图 4－43 COSMOSWorks 设计树

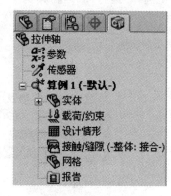

图 4－44 新建算例

⑤ 右击"实体",在出现的菜单中单击"应用材料到所有",出现"材料"定义栏,单击"自定义",设定其剪切弹性模量为"2.1e＋011 N/m^2"即 210 GPa,其屈服强度设为"235 000 000 N/m^2",即 235 MPa。单击栏目下方"确定",退出材料设定。

⑥ 右击图 4－44 所示"载荷/约束",在弹出的菜单中单击"约束",约束类型选"固定",并在桌面选中拉伸轴大端圆面,大端圆面上会出现约束称号,左上"约束"栏也出现了"<面 1>"。单击其左上"√"确定,在界面左上 COSMOSWorks 设计树的"载荷/约束"出现"约束 1"。

⑦ 右击图 4－44 所示"载荷/约束",在出现的菜单中单击"力",选中"应用法向力"。"法

向力的面"（鼠标箭头放到图标处就会出现），鼠标单击拉伸轴小端圆面，"面＜1＞"被选中，如图 4-45 所示。在"单位"中选择"SI"，在"法向力/力矩（每个实体）"下方"力值"中输入15 000。注意力的方向，应为拉力，由大端指向小端，如方向不对，勾选"反向"选项。

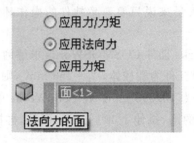

图 4-45　加载力

同样，在拉伸轴中间圆环面添加 6 000 N 的"应用法向力"，注意力的方向，小端指向大端方向。单击其上"√"确定，在界面左上"载荷/约束"出现"力 1"和"力 2"，如图 4-46所示。

此时在实体模型上的约束和力的符号显示很大，右击如图 4-46 所示"约束-1"，在弹出菜单中选择"隐藏"，隐藏约束符号，同样隐藏力的符号，便于以后观察结果。

⑧ 右击图 4-44 所示"网格"，在弹出菜单中单击"生成网格"，使用默认划分，单击其左上"√"确定，拉伸轴被划分为有限个网格单元。

⑨ 完成上述设置后，设计树"实体"、"网格"上有"√"，载荷/约束下添加了"约束 1"、"力-1"，"力-2"，如图 4-47 所示。计算机可以进行计算了，右击"算例 1（默认）"，在弹出菜单中选择"运行"来运行算例。

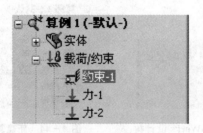

图 4-46　加载好载荷/约束

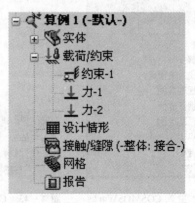

图 4-47　完成设置

⑩ 单击左边设计树中"结果"前"＋"号，展开结果。双击"应力 1(-vonSises-)"，激活该结果，并右击，在弹出菜单中将"VON：vonSises 应力"更换为"SX：X 法向应力"，此应力即为拉伸轴截面正应力，关于应力的定义请参考相关资料。在"应力图解"中选择单位为 N/m²，单击其上"√"确定。"结果"中原"应力 1(-vonSises-)"变为"应力 1（-X 正交-）"。再次右击"应力 1（-X 正交-）"，在弹出菜单中单击"探测"，鼠标任意单击大小圆柱面上任一处，得到如图 4-48 所示应力分布图。图中大圆柱面上的正应力为"-6.095460e＋007"N/m²，亦即 60.9 MPa，小圆柱面上的正应力为"-1.863228e＋008"N/m²，亦即 186.3 MPa。

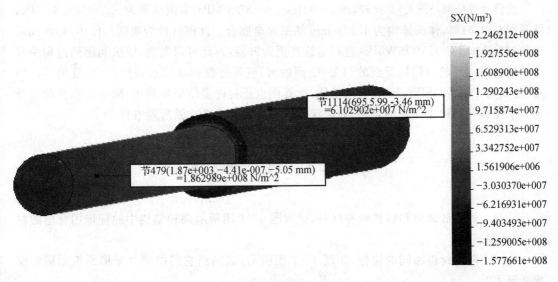

图 4 - 48　应力分布图

⑪ 双击"位移 1(一合位移一)",激活该结果,并右击,在弹出菜单中单击"编辑定义",在"位移图解"中选择单位为 mm,单击其左上"√"确定。再次右击,在弹出菜单中单击"图表选项",在图表选项中勾选"显示最大注解",单击其左上"√"确定。得到如图 4 - 49 所示位移分布图,图中显示其最大位移为"1.178599e-000",即 1.179 mm。

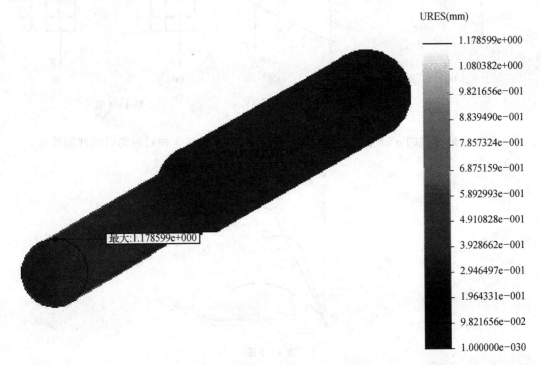

图 4 - 49　位移分布图

此例计算结果与例 4-9 比较,例 4-9 中 $\sigma_{max}=187.5$ MPa,本例结果为 $\sigma_{max}=186.3$ MPa,结果相差 0.64%,伸长量均为 1.179 mm 结果完全吻合。此例杆件为规则几何体,构件几何形状越复杂,用 COSMOSWorks 进行运算就更为方便,再此可以发现,解决问题的过程中只需给出构件的形状、材料、受到的约束、受到的力,就可方便的求出所需的应力、变形等。当然,这只是 COSMOSWorks 部分的功能,此算例也还有许多结果可利用,限于篇幅在此只是为大家提供一种解决问题的思路,如需深入学习可参考参考文献所列书目。

4.8 习 题

4-1 现有低碳钢和铸铁两种材料,试对题 4-1 图所示两种结构中的杆选用合适的材料,并说明理由。

4-2 两根材料相同的拉杆,如题 4-2 图所示,试判断它们的绝对变形是否相同? 哪根变形大?

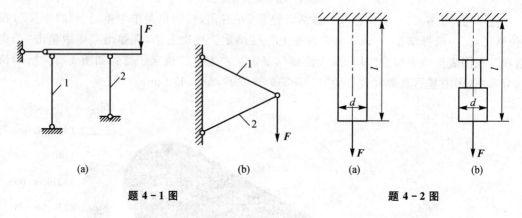

(a)   (b)   (a)   (b)

题 4-1 图   题 4-2 图

4-3 3 种材料的 $\sigma-\varepsilon$ 曲线如题 4-3 图所示,试指出这 3 种材料的机械性能特点。

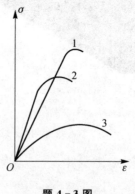

题 4-3 图

4-4　试用截面法求题4-4图中各杆指定截面的轴力,并作出轴力图。

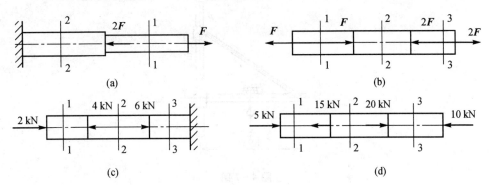

(a)　　　　　　　　　　　　　(b)

(c)　　　　　　　　　　　　　(d)

题 4-4 图

4-5　题4-5图示直杆截面为正方形,边长 $a=200$ mm,$l=4$ m,$F=10$ kN,密度 $\gamma=20$ kN/m³,在考虑杆自重时,求 1-1、2-2 截面上的轴力。

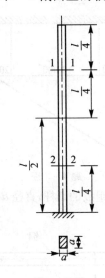

题 4-5 图

4-6　求题4-6图示阶梯杆横截面 1-1、2-2、3-3 上的轴力,并作轴力图。若横截面面积 $A_1=200$ mm²,$A_2=300$ mm²,$A_3=400$ mm²,求各横截面上的应力。

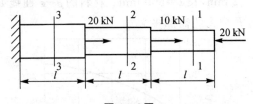

题 4-6 图

4-7　回转悬臂吊车的结构如题4-7图所示,小车对水平梁的集中载荷为 $F=15$ kN,斜杆 AB 的直径 $d=20$ mm,其他尺寸如图所示,试求:① 当小车在 AC 中点时,AB 杆中的正应力;② 小车移动到何处时,AB 杆中的应力最大,其数值为多少?

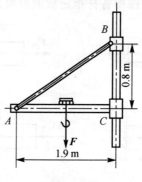

题 4 - 7 图

4 - 8 长 1.5 m 的直角三角形钢板(厚度均匀)用等长的钢丝 *AB* 和 *CD* 悬挂,如题4 - 8 图所示,欲使钢丝伸长后钢板只有移动而无转动,问钢丝 *AB* 的直径应为钢丝 *CD* 的直径的几倍?

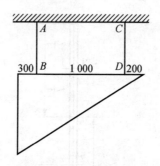

题 4 - 8 图

4 - 9 题 4 - 9 图示为由两种材料组成的圆杆,直径 $d=40$ mm,杆的总伸长 $\Delta l= 0.126$ mm。试求载荷 F 及杆内的最大正应力。

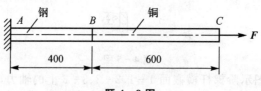

题 4 - 9 图

4 - 10 铜丝直径 $d=2$ mm,长 $l=500$ mm。材料的 σ - ε 曲线如题 4 - 10 图所示。欲使铜丝的伸长为 30 mm,则 F 力大约需加多大?

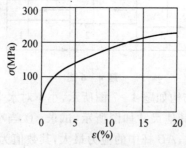

题 4 - 10 图

4-11 题 4-11 图示结构中 AB 梁的变形及重量可忽略不计。杆 1 为钢质圆杆,直径 $d_1=20$ mm,$E_{钢}=200$ GPa。杆 2 为铜质圆杆,直径 $d_2=25$ mm,$E_{铜}=100$ GPa。试问:

① 载荷 F 加在何处,才能使加力后刚梁仍保持水平?

② 若此时 $F=30$ kN,则两杆内正应力各为多少?

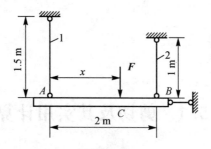

题 4-11 图

4-12 起重吊钩的上端用螺母固定,如题 4-12 图所示,若吊钩螺栓部分的内径 $d=55$ mm,材料的许用应力 $[\sigma]=80$ MPa,试校核螺栓部分的强度。

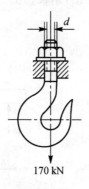

170 kN

题 4-12 图

4-13 题 4-13 图示一托架,AC 是圆钢杆,许用应力 $[\sigma]_{钢}=160$ MPa;BC 是方木杆,许用应力 $[\sigma]_{木}=4$ MPa,$F=60$ kN,试选择钢杆圆截面的直径 d 及木杆方截面的边长 b。

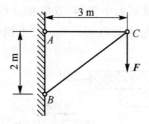

题 4-13 图

第5章 剪切和挤压的实用计算

本章要点

● 掌握剪切的实用计算。

● 掌握挤压的实用计算。

5.1 剪切及其实用计算

5.1.1 剪切的概念

图 5-1 为一剪床剪切钢板的示意图,钢板在上、下刀刃的作用下,在相距 δ 区域内发生变形,当外力足够大时,钢板被切断。

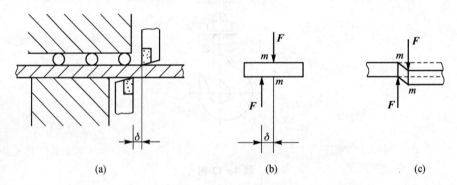

(a)   (b)   (c)

图 5-1 剪床剪钢板

图 5-2(a)为一铆钉联接简图。当被联接件上受到外力 F 的作用后,力由两块钢板传到铆钉与钢板的接触面上,铆钉上受到大小相等、方向相反的两组分布力的合力 F 的作用(见图 5-2(b)),使铆钉上下两部分沿中间截面 $m-m$ 发生相对错动的变形,如图 5-2(c)所示。

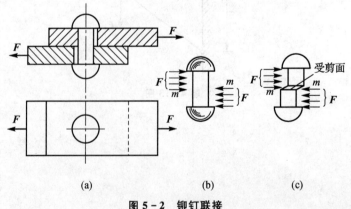

(a)   (b)   (c)

图 5-2 铆钉联接

由上述两例可见,剪切的受力特点是:作用在杆件两侧面上且与轴线垂直的外力的合力大小相等、方向相反、作用线相距很近,其变形为使杆件两部分沿中间截面 $m-m$ 在作用力的方向上发生相对错动。杆件的这种变形称为剪切,杆件发生相对错动的中间截面 $m-m$ 称为**剪切面**。

只有一个受剪面的剪切称为单剪,如上述两例。有两个受剪面的剪切称为**双剪**,如图 5 - 3 中螺栓所受的剪切。

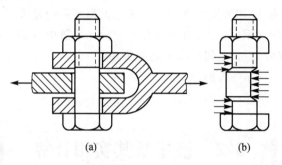

图 5 - 3　两个受剪面

5.1.2　剪切时的内力

由截面法可得剪切面上的内力,它是剪切面上分布内力的合力,称为**剪力**,用 F_s 表示(见图 5 - 4(c))。对任一分离体(见图 5 - 4(b)、(c))列平衡方程可得

$$F_s = F$$

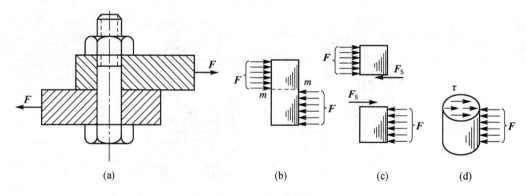

图 5 - 4　剪切时的内力

5.1.3　剪切的实用计算

剪切面上分布内力的集度以 τ 表示,称为切应力(见图 5 - 4(d))。切应力在剪切面上分布的情况比较复杂,为便于计算,工程中通常采用以实验、经验为基础的实用计算,近似地认为切应力在受剪面内是均匀分布的。按此假设计算出的切应力实质上是截面上的平均应力,称为名义切应力,即

$$\tau = F_s / A_s \qquad (5-1)$$

式中,τ 为名义切应力(MPa),F_s 为剪切力(N),A_s 为剪切面积(mm^2)。

材料的极限切应力 τ_u 是按名义切应力概念,用试验方法得到的。将此极限切应力除以适当的安全因数,即得材料的许用切应力

$$[\tau]=\tau_u/n \tag{5-2}$$

式中,$[\tau]$ 为许用切应力(MPa),τ_u 为极限切应力(MPa),n 为安全因数。

由此,建立剪切强度条件

$$\tau=F_s/A_s\leqslant[\tau] \tag{5-3}$$

大量实践结果表明,剪切实用计算方法能满足工程实际的要求。

工程中常用材料的许用切应力,可以从有关的设计手册中查得。一般情况下,材料的许用切应力 $[\tau]$ 与许用拉应力 $[\sigma]$ 之间有以下近似关系:

对塑性材料:$[\tau]=(0.6\sim0.8)[\sigma]$;

对脆性材料:$[\tau]=(0.8\sim1.0)[\sigma]$。

5.2　挤压及其实用计算

5.2.1　挤压的概念

铆钉等联接件在外力的作用下发生剪切变形的同时,在联接件和被联接件接触面上互相压紧,产生局部压陷变形,甚至压溃破坏,这种现象称为挤压(见图 5-5(a))。接触面上的压力称为挤压力,用 F_{bs} 表示。

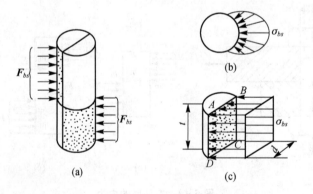

图 5-5　挤压力

5.2.2　挤压的实用计算

由挤压力引起的接触面上的表面压强,习惯上称为挤压应力,用 σ_{bs} 表示。

应当注意,挤压与压缩的概念不同。压缩变形是指杆件的整体变形,其任意横截面上的应力是均匀分布的;挤压时,挤压应力只发生在构件接触的表面,一般并不均匀分布。

与切应力在剪切面上的分布相类似,挤压面上挤压应力的分布也较复杂,如图 5-5(b)所示。为了简化计算,工程中也采用挤压的实用计算,即假设挤压应力在挤压面上是均匀分布的(见图 5-5(c))。按这种假设所得的挤压应力称为名义挤压应力。当接触面为平面时,

挤压面就是实际接触面；对于圆柱状联接件，接触面为半圆柱面，挤压面面积 A_{bs} 取为实际接触面的正投影面，即其直径面面积 $A_{bs}=t\cdot d$（见图 5-5(c)），因此有

$$\sigma_{bs}=F_{bs}/A_{bs} \tag{5-4}$$

式中，$[\sigma_{bs}]$ 为许用挤压应力（MPa），σ_u 为极限挤压应力（MPa），n 为安全因数。

按照式(5-4)计算所得挤压应力与接触面上的实际最大应力大致相等。

应用名义挤压应力的概念，得到材料的极限挤压应力 σ_u，将 σ_u 除以适当的安全因数 n，即可确定材料的许用挤压应力，即

$$[\sigma_{bs}]=\sigma_u/n \tag{5-5}$$

由此建立挤压强度条件，即

$$\sigma_{bs}=F_{bs}/A_{bs}\leqslant[\sigma_{bs}] \tag{5-6}$$

工程实践证明，挤压实用计算方法能满足工程实际的要求。工程中常用材料的许用挤压应力，可以从设计手册中查到。一般情况下，也可以利用许用挤压应力与许用拉应力的近似关系求得。

对塑性材料：$[\sigma_{bs}]=(0.9\sim1.5)[\sigma]$；对脆性材料：$[\sigma_{bs}]=(1.5\sim2.5)[\sigma]$。

应当注意，挤压应力是在联接件和被联接件之间的相互作用。当两者材料不同时，应对其中许用挤压应力较低的材料进行挤压强度校核。

对于剪切问题，工程上除应用式(5-3)进行剪切构件的强度校核，以确保构件正常工作外，有时会遇到相反的问题，即所谓剪切破坏。例如，车床传动轴的保险销，当载荷超过极限值时，保险销首先被剪断，从而保护车床的重要部件。而冲床冲剪工件，则是利用剪切破坏来达到加工目的的。剪切破坏的条件为

$$F_b\geqslant\tau_b A_s \tag{5-7}$$

式中，F_b 为破坏时横截面上的剪力；τ_b 为材料的剪切强度极限。

【例 5-1】 电机车挂钩的销钉联接如图 5-6(a)所示。已知挂钩厚度 $t=8$ mm，销钉材料的 $[\tau]=60$ MPa，$[\sigma_{bs}]=200$ MPa，电机车的牵引力 $F=15$ kN，试选择销钉的直径。

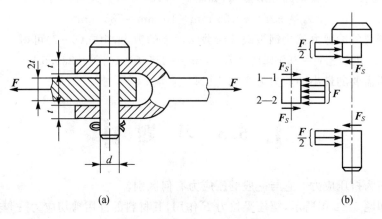

(a)   (b)

图 5-6 电机车挂钩的销钉联接

解：销钉受力情况如图 5-6(b)所示，因销钉有两个面承受剪切，故每个剪切面上的剪力 $F_s=F/2$，剪切面积为 $A_s=\pi d^2/4$。

① 根据剪切强度条件，设计销钉直径，由式(5-3)可得

$$A_s = \pi d^2 / 4 \geqslant (F/2)/[\tau]$$

有 $$d \geqslant \sqrt{\frac{2F}{\pi[\tau]}} = \sqrt{\frac{2 \times 15 \times 10^3 \text{ N}}{\pi \times 60 \text{ MPa}}} = 12.6 \text{ mm}$$

② 根据挤压强度条件,设计销钉直径,由图 5-6(b)可知,销钉上、下部挤压面上的挤压力 $F_{bs} = F/2$,挤压面积 $A_{bs} = dt$,由式(5-6)得

$$A_{bs} = dt \geqslant (F/2)/[\sigma_{bs}]$$

有 $$d \geqslant F/(2t[\sigma_{bs}]) = (15 \times 10^3 \text{ N})/(2 \times 8 \text{ mm} \times 200 \text{ MPa}) \approx 5 \text{ mm}$$

选 $d = 12.6$ mm,可同时满足挤压和剪切强度的要求。考虑到启动和刹车时冲击的影响以及轴径系列标准,可取 $d = 15$ mm。

【例 5-2】 已知钢板厚度 $t = 10$ mm(见图 5-7(a)),其剪切强度极限为 $\tau_b = 300$ MN/m²。若用冲床将钢板冲出直径 $d = 25$ mm 的孔,问需要多大的冲剪力 F?

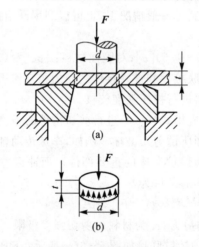

图 5-7 钢板冲孔

解:由题意知,剪切面是圆柱形侧面,如图 5-7(b)所示。其面积为

$$A_s = \pi dt = \pi \times 25 \text{ mm} \times 10 \text{ mm} = 785 \text{ mm}^2$$

冲孔所需要的冲剪力就是钢板破坏时剪切面上的剪力,由式(5-7)可得

$$F_b \geqslant \tau_b A_s = 300 \text{ MPa} \times 785 \text{ mm}^2 = 235.5 \times 10^3 \text{ N} = 235.5 \text{ kN}$$

故冲孔所需要的最小冲剪力为 235.5 kN。

5.3 习 题

5-1 何为挤压应力? 它与一般的压应力有何区别?

5-2 如题 5-2 图所示,螺栓受拉力 F 作用,其材料的许用剪切应力 $[\tau]$ 与许用拉应力 $[\sigma_l]$ 之间的关系约为 $[\tau] = 0.6[\sigma_l]$。试计算螺栓直径 d 和螺栓头部高度 h 的合理比值。

5-3 试求题 5-3 图示联接螺栓所需的直径。已知 $F = 200$ kN,$t = 20$ mm。螺栓材料的 $[\tau] = 80$ MPa,$[\sigma_{bs}] = 200$ MPa(不考虑连接板的强度)。

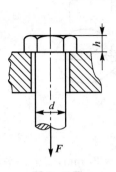

题 5-2 图   题 5-3 图

5-4 冲床的最大冲力为 400 kN,冲头材料的$[\sigma_{bs}]$=440 MPa 被冲剪板的剪切强度极限为 360 MPa。求在最大冲力作用下所能冲剪圆孔的最小直径 d_{min} 和板的最大厚度 t_{max}。

5-5 已知题 5-5 图示键的长度为 35 mm,$[\tau]$=100 MPa,$[\sigma_{bs}]$=220 MPa。试求手柄上端 F 力的最大值。

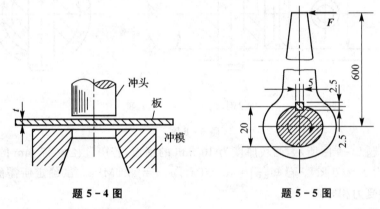

题 5-4 图   题 5-5 图

5-6 如题 5-6 图所示,铆接钢板厚 t=10 mm,铆钉直径 d=17 mm,铆钉的许用切应力$[\tau]$=140 MPa,许用挤压应力$[\sigma_{bs}]$=320 MPa,载荷 F=24 kN,试对铆钉强度进行校核。

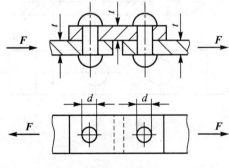

题 5-6 图

5-7 如题 5-7 图所示,用夹剪剪断直径 d_1=3 mm 的铅丝。若铅丝的极限剪应力约为 100 MPa,试问需多大的 P?若销钉 B 的直径为 d_2=8 mm,试求销钉内的剪应力。

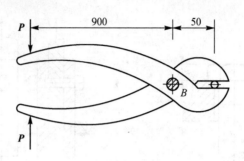

题 5-7 图

5-8　如题5-8图所示,套筒联轴器内孔直径 $D=30$ mm,安全销平均直径 $d=6$ mm,抗剪强度 $\tau=360$ MPa,当超载时,安全销将被剪断,以保护其他构件的安全,试求安全销所能传递的最大外力偶矩。

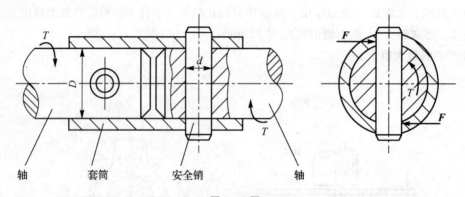

轴　　　　套筒　　　　安全销　　　　轴

题 5-8 图

5-9　如题5-9图所示,两块厚度为 10 mm 的钢板,若用直径为 17 mm 的铆钉联接在一起,钢板拉力 $F=60$ kN。已知 $[\tau]=40$ MPa,$[\sigma_{bs}]=280$ MPa。试确定所需的铆钉数(假设每只铆钉的受力相等)。

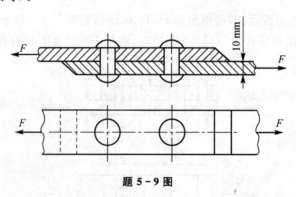

题 5-9 图

第6章 扭 转

本章要点

● 理解扭转的概念和实例。

● 掌握外力偶矩的计算、扭矩、扭矩图。

● 圆轴扭转时的应力和变形。

● 扭转的强度计算和刚度计算。

6.1 扭转的概念

1. 扭转工程实例

例如,汽车方向盘轴、传动轴等,如图6-1所示。

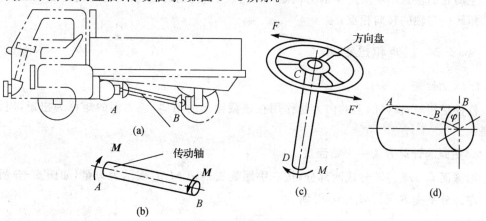

图6-1 扭转实例

2. 扭转受力特点

杆件发生扭转变形的受力特点是:在杆件上作用着大小相等、转向相反、作用平面垂直于杆件轴线的两组平行力偶系。图6-2所示的就是杆件受扭的最简单情况。

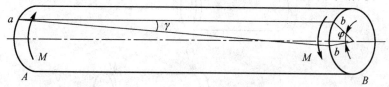

图6-2 扭转变形

3. 扭转变形特点

当杆件发生扭转变形时,任意两个横截面将绕杆轴线做相对转动而产生相对角位移,称为该两个横截面的扭转角,用 φ 表示。图 6-2 中的 φ 表示杆件右端的 B 截面相对于左端 A 截面的扭转角。

6.2 外力偶矩的计算、扭矩和扭矩图

6.2.1 外力偶矩的计算

已知轴所传递的功率和轴的转速,则外力偶矩为:

$$M = 9\,549\,\frac{P}{n} \qquad\qquad (6-1)$$

式中,M 为外力偶矩(N·m),P 为轴所传递的功率(kW),n 为轴的转速(r/min)。如果轴所传递的功率单位为马力(1 马力=735.5 W),则可按下式计算外力偶矩

$$M = 7\,024\,\frac{P}{n} \qquad\qquad (6-2)$$

式中,M 为外力偶矩(N·m),P 为轴所传递的功率(马力),n 为轴的转速(r/min)。

主动轮的输入功率所产生的力偶矩转向与轴的转向相同;从动轮的输出功率所产生的力偶矩转向与轴的转向相反。

6.2.2 扭矩和扭矩图

1. 内力偶矩

杆件受扭时,横截面上的内力是作用在该截面上的力偶,该力偶的矩称为扭矩,用符号 T 表示。

2. 扭矩的计算方法——截面法

用截面 m-m 将轴分成两部分,按右手螺旋法则把 M、T 表示为矢量,如图 6-3 所示,列出左部分平衡方程 $\sum M_x = 0$,得到

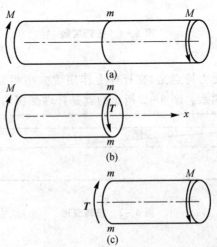

图 6-3　截面法

$$T=M$$

对于杆件一侧作用多个外力偶矩的情况,任一截面的内力偶矩等于其一侧所有外力偶矩的代数和,即

$$T=\sum M_i$$

扭矩的正负号用右手螺旋法则确定:用右手四指弯向表示扭矩的转向,大拇指的指向离开截面时,扭矩规定为正,反之为负,如图 6-4 所示。

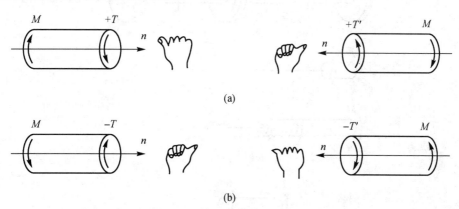

(a)

(b)

图 6-4　右手螺旋法则

3. 扭矩图

扭矩图表示杆件各横截面上的扭矩沿杆轴的变化规律,反应出 $|T|_{max}$ 值及其截面位置,从而进行强度计算(危险截面)。该图一般以杆件轴线为横轴表示横截面位置,纵轴表示扭矩大小,如图 6-5 所示。

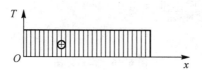

图 6-5　扭矩图

【例 6-1】　如图 6-6 所示,主动轮 A 输入功率 $P_A=50$ kW,从动轮输出功率 $P_D=20$ kW, $P_B=P_C=15$ kW, $n=300$ r/min,试作扭矩图。

解:①求外力偶矩的大小

$$M_A=9\ 549\ \frac{P_A}{n}=9\ 549\times\frac{50}{300}=1\ 592\ \text{N}\cdot\text{m}$$

$$M_B=M_C=9\ 549\times\frac{15}{300}=477\ \text{N}\cdot\text{m}$$

$$M_D=637\ \text{N}\cdot\text{m}$$

② 求轴上各段的扭矩

$$\sum M_x=0,T_1+M_B=0\Rightarrow T_1=-M_B=-477\ \text{N}\cdot\text{m}$$

$$T_2-M_A+M_B=0\Rightarrow T_2=1\ 115\ \text{N}\cdot\text{m}$$

$$T_3-M_D=0\Rightarrow T_3=M_D=637\ \text{N}\cdot\text{m}$$

主动轮与从动轮布置合理性的讨论：主动轮一般应放在两个从动轮的中间，这样会使整个轴的扭矩图分布比较均匀。这与主动轮放在从动轮的一边相比，整个轴的最大扭矩值会降低。

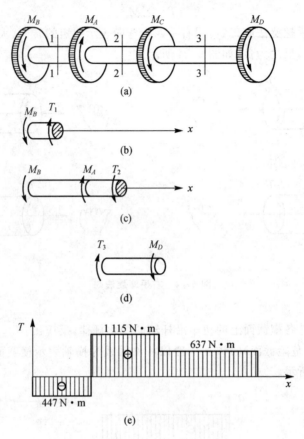

图 6 - 6　作扭矩图

如图 6 - 7(a)所示：$T_{max}=50$ N·m；如图 6 - 7(b)所示：$T_{max}=25$ N·m，二者比较，图6 - 7(b)安置合理。

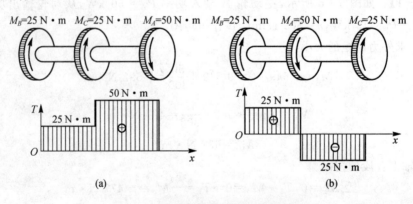

图 6 - 7　主动轮与从动轮布置合理性

6.3　圆轴扭转时的应力和强度条件

圆轴扭转时,在已知横截面上的扭矩后,还应进一步研究横截面上的应力分布规律,以便求出最大应力。解决这一问题,要从三方面考虑。首先,由杆件的变形找出应变的变化规律,即研究圆轴扭转的变形几何关系。其次,由应变规律找出应力的分布规律,即建立应力和应变间的物理关系。最后,根据扭矩和应力之间的静力关系,求出应力的计算公式,即

$$\tau_\rho = \frac{T\rho}{I_\rho} \tag{6-3}$$

式中,τ_ρ 为横截面上任意一点的切应力,T 为横截面上的扭矩,I_ρ 为截面对圆心 O 的极惯性矩,ρ 为所求应力点到圆心的距离。由以上公式,可以计算横截面上距圆心为 ρ 的任意点处的剪应力。

由式(6-3)可以看出,当横截面一定时,I_ρ 为常量,所以切应力的大小与所求点到圆心的距离成正比,即呈线性分布。切应力的方向与横截面扭矩的转向一致,切应力的作用线与半径垂直。切应力在横截面上的分布规律,如图 6-8 所示。

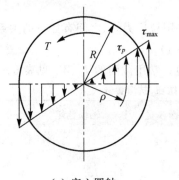
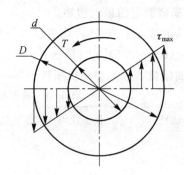

（a）实心圆轴　　　　　　　　　　（b）空心圆轴

图 6-8　切应力在横截面上的分布规律

显然,在圆截面的边缘上,ρ 到达最大值 R 时,得到剪应力的最大值,即

$$\tau_{\max} = \frac{TR}{I_\rho} \tag{6-4}$$

把上式写成

$$\tau_{\max} = \frac{M_n}{\dfrac{I_\rho}{R}}$$

并引用记号

$$W_n = \frac{I_\rho}{R} \tag{6-5}$$

W_n 称为抗扭截面模量,于是有:

$$\tau_{\max} = \frac{T}{W_n} \tag{6-6}$$

在实心圆轴的情况下：

$$I_p = \int_A \rho^2 \mathrm{d}A = 2\pi \int_0^R \rho^3 \mathrm{d}\rho = \frac{\pi R^4}{2} = \frac{\pi D^4}{32} \tag{6-7}$$

式中，D 为圆截面的直径。由此求出

$$W_n = \frac{I_p}{R} = \frac{\pi R^3}{2} = \frac{\pi D^3}{16} \tag{6-8}$$

在空心圆轴的情况下：

$$I_p = \int_A \rho^2 \mathrm{d}A = 2\pi \int_{\frac{d}{2}}^{\frac{D}{2}} \rho^3 \mathrm{d}\rho = \frac{\pi}{32}(D^4 - d^4) = \frac{\pi D^4}{32}(1 - \alpha^4) \tag{6-9}$$

$$W_n = \frac{I_p}{R} = \frac{\pi}{16D}(D^4 - d^4) = \frac{\pi D^3}{16}(1 - \alpha^4) \tag{6-10}$$

式中，$\alpha = d/D$，D 和 d 分别为空心圆截面的外径和内径，R 为外半径。

强度条件

$$\tau_{\max} \leqslant [\tau] \tag{6-11}$$

直轴时，可以写成

$$\tau_{\max} = \frac{T_{\max}}{W_n} \leqslant [\tau] \tag{6-12}$$

式中，$T_{\max}$ 为横截面上的最大扭矩。

在静载荷的情况下，扭转许用剪应力 $[\tau]$ 与许用拉应力 $[\sigma]$ 之间有如下的关系：
钢：$[\tau] = (0.5 \sim 0.6)[\sigma]$；铸铁：$[\tau] = (0.8 \sim 1)[\sigma]$。

抗扭截面模量表示截面抵抗扭转破坏的能力。常用截面的 I_p、W_n 见表 6-1。

表 6-1　常用截面的抗扭、抗弯参数

截面形状	极惯性矩	抗扭截面模量	轴惯性矩	抗弯截面模量
	$I_P = \dfrac{\pi d^4}{32} \approx 0.1d^4$	$W_n = \dfrac{\pi d^3}{16} \approx 0.2d^3$	$I_z = I_y$ $= \dfrac{\pi d^4}{64}$ $\approx 0.05d^4$	$W_z = W_y$ $= \dfrac{\pi d^3}{32}$ $\approx 0.1d^3$
$\alpha = \dfrac{d}{D}$	$I_P = \dfrac{\pi}{32}(D^4 - d^4)$ $= \dfrac{\pi}{32}D^4(1 - \alpha^4)$ $\approx 0.1D^4(1 - \alpha^4)$	$W_n = \dfrac{\pi}{16}D^3(1 - \alpha^4)$ $\approx 0.2D^3(1 - \alpha^4)$	$I_z = I_y$ $= \dfrac{\pi}{64}(D^4 - d^4)$ $= \dfrac{\pi}{64}D^4(1 - \alpha^4)$ $\approx 0.05D^4(1 - \alpha^4)$	$W_z = W_y$ $= \dfrac{\pi}{32}D^3(1 - \alpha^4)$ $= 0.1D^3(1 - \alpha^4)$

截面形状	极惯性矩	抗扭截面模量	轴惯性矩	抗弯截面模量
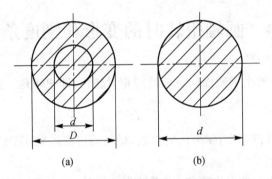			$I_z = \dfrac{bh^3}{12}$ $I_y = \dfrac{hb^3}{12}$	$W_z = \dfrac{bh^2}{6}$ $W_y = \dfrac{hb^2}{6}$

【例 6 - 2】 汽车传动轴如图 6 - 9(a)所示,外径 $D = 90$ mm,壁厚 $t = 2.5$ mm,材料为 45 钢。使用时的最大扭矩为 $T = 1.5$ kN·m。如材料的 $[\tau] = 60$ MN/m²,试校核轴的扭转强度。

图 6 - 9 校核轴的扭转强度

解:计算抗扭截面模量

$$\alpha = \frac{d}{D} = \frac{90 \text{ mm} - 2 \times 2.5 \text{ mm}}{90 \text{ mm}} = 0.944$$

$$W_n = \frac{\pi D^3}{16}(1 - \alpha^4) = \frac{\pi \times 90^3}{16}(1 - 0.944^4) \text{ mm}^3 = 29\,400 \text{ mm}^3$$

轴的最大剪应力为:

$$\tau_{\max} = \frac{T}{W_n} = \frac{1\,500 \text{ N·m}}{29\,400 \times 10^{-9} \text{ m}^3} = 51 \times 10^6 \text{ N/m}^2 = 51 \text{ MN/m}^2 < [\tau]$$

所以传动轴满足强度条件。

【例 6 - 3】 如把上例中的传动轴改为空心轴,如图 6 - 9(b)所示,要求它与原来的空心轴强度相同。试确定其直径 d,并比较实心轴和空心轴的重量。

解:因为要求与空心轴的强度相同,故实心轴的最大剪应力也为 51 MN/m²。即

$$\tau_{\max} = \frac{T}{W_n} = \frac{1\,500 \text{ N·m}}{\frac{\pi}{16} d^3} = 51 \times 10^6 \text{ N/m}^2$$

$$d = \sqrt[3]{\frac{1\,500 \times 16}{\pi \times 51 \times 10^6}} \text{ m} = 0.053\,1 \text{ m}$$

实心轴横截面面积是

$$A_1 = \frac{\pi d^2}{4} = \frac{\pi \times 0.053\ 1^2}{4}\ \text{m}^2 = 22.2 \times 10^{-4}\ \text{m}^2$$

空心轴横截面面积为：

$$A_2 = \frac{\pi}{4}(D^2 - d^2) = \frac{\pi}{4}(90^2 - 85^2)\ \text{mm}^2 = 6.87 \times 10^{-4}\ \text{m}^2$$

在两轴长度相等，材料相同的情况下，两轴重量之比等于横截面面积之比，即

$$\frac{A_2}{A_1} = \frac{6.87}{22.2} = 0.31$$

可见在载荷相同的条件下，空心轴的重量只为实心轴的 31%，其减轻重量节约材料是非常明显的。这是因为横截面上的剪应力沿半径按线性规律分布，圆心附近的应力很小，如图 6-8 所示，材料没有充分发挥作用。若把轴心附近的材料向边缘移置，使其成为空心轴，就会增大 I_p 和 W_n，提高轴的强度。

6.4　圆轴扭转时的变形和刚度条件

扭转变形的标志是两个横截面间绕轴线的相对转角，即扭转角。其计算公式为

$$\varphi = \frac{Tl}{GI_p} \tag{6-13}$$

式中，GI_p 称为圆杆的抗扭强度；G 为比例常数，材料的切变模量（GPa）；φ 一般就称为长为 l 的等直圆杆的扭转角。

若在两截面之间的 T 值发生变化，或者轴为阶梯轴，I_p 并非常量，则应分段计算各段的扭转角，然后相加，得到

$$\varphi = \sum_{i=1}^{n} \frac{T_i l_i}{GI_{pi}} \tag{6-14}$$

今后用 θ 表示变化率，θ 为相距 1 单位的两截面之间的相对转角，称为单位长度扭转角。其单位为弧度/米，记为 rad/m。若圆轴的截面不变，且只在两端作用外力偶矩，则有

$$\theta = \frac{\varphi}{l} = \frac{T}{GI_p} \tag{6-15}$$

扭转的刚度条件为：

$$\theta_{\max} = \frac{T_{\max}}{GI_p} \leqslant [\theta]\ \text{rad/m} \tag{6-16}$$

工程上，$[\theta]$ 的单位习惯上为度/米，记为 °/m。把上式中的弧度换算成度，得

$$\theta_{\max} = \frac{T_{\max}}{GI_p} \times \frac{180}{\pi} \leqslant [\theta]\ °/\text{m} \tag{6-17}$$

精密机器的轴：$[\theta] = (0.25 \sim 0.50)°/\text{m}$

一般传动轴：$[\theta] = (0.5 \sim 1)°/\text{m}$

精度要求不高的轴：$[\theta] = (1 \sim 2.5)°/\text{m}$

【例 6 - 4】 阶梯形圆轴直径分别为 $d_1 = 40$ mm，$d_2 = 70$ mm，轴上装有 3 个皮带轮，如图 6 - 10(a)所示。已知由轮 3 输入的功率为 $P_3 = 30$ kW，轮 1 输出的功率为 $P_1 = 13$ kW，轴做匀速转动，转速 $n = 200$ r/min，材料的许用剪应力 $[\tau] = 60$ MPa，$G = 80$ GPa，许用扭转角 $[\theta] = 2°/m$。试校核轴的强度和刚度。

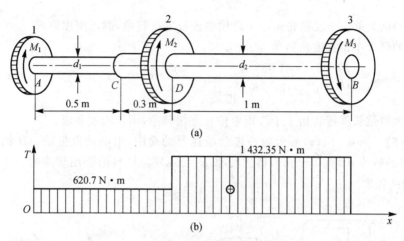

图 6 - 10 校核轴的强度和刚度

解：① 计算外力偶矩的大小

$$M_1 = 9\ 549 \times \frac{P_1}{n} = 9\ 549 \times \frac{13 \text{ kW}}{200 \text{ r/min}} = 620.7 \text{ N} \cdot \text{m}$$

$$M_2 = 9\ 549 \times \frac{P_2}{n} = 9\ 549 \times \frac{17 \text{ kW}}{200 \text{ r/min}} = 811.7 \text{ N} \cdot \text{m}$$

$$M_3 = 9\ 549 \times \frac{P_3}{n} = 9\ 549 \times \frac{30 \text{ kW}}{200 \text{ r/min}} = 1\ 432.4 \text{ N} \cdot \text{m}$$

轴上各段的扭矩大小分别为：

AC、CD 段：$T_1 = 620.7$ N·m，DB 段：$T_2 = 1\ 432.4$ N·m

做阶梯轴的扭矩图，如图 6 - 10(b)所示。

② 强度校核。

AC 段的最大切应力为

$$\tau_{AC\max} = \frac{T_1}{W_{nAC}} = \frac{620.7 \text{ N} \cdot \text{m}}{\frac{\pi}{16} \times 0.04^3 \text{ m}^3} = 49.4 \text{ MPa} < [\tau] = 60 \text{ MPa}$$

AC 段的最大工作切应力小于许用切应力，满足强度要求。CD 段的扭矩与 AC 段的相同，但其直径比 AC 段的大，所以 CD 段也满足强度要求。

DB 段的最大切应力为

$$\tau_{DB\max} = \frac{T_2}{W_{nDB}} = \frac{1432.4 \text{ N} \cdot \text{m}}{\frac{\pi}{16} \times 0.07^3 \text{ m}^3} = 21.3 \text{ MPa} < [\tau] = 60 \text{ MPa}$$

故 DB 段的最大工作切应力小于许用切应力，满足强度要求。

③ 刚度校核。

AC 段的最大单位长度扭转角为

$$\theta_{AC\max}=\frac{T_1}{GI_p}=\frac{620.7}{80\times10^9\times\frac{\pi\times0.04^4}{32}}\times\frac{180°}{\pi}/m=1.77°/m<[\theta]=2°/m$$

AC 段的最大单位长度扭转角小于许用单位长度扭转角,满足刚度要求。

DB 段的最大单位长度扭转角为

$$\theta_{DB\max}=\frac{T_2}{GI_p}=\frac{1\ 432.4}{80\times10^9\times\frac{\pi\times0.07^4}{32}}\times\frac{180°}{\pi}/m=0.43°/m<[\theta]=2°/m$$

DB 段的最大单位长度扭转角小于许用单位长度扭转角,满足刚度要求。

【例 6-5】 图 6-11(a)所示为一齿轮减速器的简图,由电动机带动 AB 轴,轴的直径 $d=25$ m,轴的转速 $n=900$ r/min,传递功率 $P=5$ kW。材料的许用切应力 $[\tau]=30$ MPa,试校核此轴的强度。

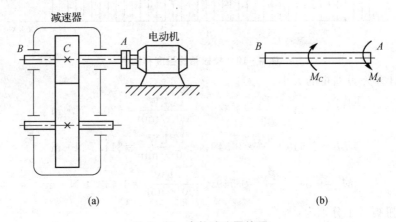

(a)   (b)

图 6-11　齿轮减速器简图

解：取 AB 轴为研究对象,如图 6-11b 所示。轴承受转矩为

$$T=9\ 550\ \frac{P}{n}=9\ 550\times\frac{5}{900}=53.1\ \text{N·m}$$

横截面上的扭矩为

$$T=53.1\ \text{N·m}$$

圆截面的抗扭截面系数为

$$W_n=\frac{\pi d^3}{16}=\frac{3.14\times0.025^3}{16}=3.068\times10^{-6}\ \text{m}^3$$

轴的强度为

$$\tau_{\max}=\frac{T}{W_n}=\frac{53.1}{3.068\times10^{-6}}=1.73\times10^7\ \text{Pa}=17.3\ \text{MPa}$$

因 $\tau_{\max}<[\tau]$,故轴的强度足够。

【例 6-6】 汽车的传动轴由 45 钢无缝钢管制成,钢管外径 D 为 90 mm,内径 $d=85$ mm,轴长 1 000 mm,传递最大转矩 T 为 1 500 N·m,材料的许用切应力为 $[\tau]$ 为

60 MPa,材料的剪切弹性模量 G 为 80 GPa,许用扭转角 $[\theta]$ 为 $1.5°/m$,求:

① 校验轴的强度;

② 若用相同材料的实心轴,并要求与原轴强度相同,试计算实心轴的直径 d_1,并比较空心轴与实心轴的质量;

③ 校验轴的刚度;

④ 若用相同材料的实心轴,并要求与原轴刚度相同,试计算实心轴的直径 d_2,并比较空心轴与实心轴的质量。

解:① 强度校验。

传动轴各截面的扭矩相等,即

$$T = 1\ 500\ \text{N} \cdot \text{m}$$

抗扭截面系数为

$$W_n = \frac{\pi}{16} D^3 (1-\alpha^4) = \frac{3.14}{16} \times 0.09^3 \left[1 - \left(\frac{0.085}{0.09}\right)^4\right] = 2.924 \times 10^{-5}\ \text{m}^3$$

最大切应力为

$$\tau_{\max} = \frac{T}{W_n} = \frac{1\ 500}{2.924 \times 10^{-5}} = 5.12 \times 10^7\ \text{Pa} = 51.2\ \text{MPa}$$

$\tau_{\max}$ 小于许用切应力,强度合格。

② 实心轴的直径 d_1 与质量比较。

材料相同,抗扭截面系数相同则强度相同

$$\frac{\pi}{16} d_1^3 = \frac{\pi}{16} D^3 (1-\alpha^4)$$

$$d_1 = D\sqrt[3]{1-\alpha^4} = 0.09 \times \sqrt[3]{1-\frac{0.085}{0.09}} = 0.053\ \text{m} = 53\ \text{mm}$$

设空心轴的质量为 m,实心轴的质量为 m_1,材料相同,长度相同,质量之比即为截面积之比,即

$$\frac{m_1}{m} = \frac{\pi d_1^2/4}{\pi(D^2-d^2)/4} = \frac{0.053^2}{0.09^2 - 0.085^2} = 3$$

③ 刚度校验。

横截面的极惯性矩为

$$I_P = \frac{\pi}{32}(D^4 - d^4) = \frac{\pi}{32}(0.09^4 - 0.085^4) = 1.316 \times 10^{-6}\ \text{m}^4$$

单位长度上的扭转角为

$$\theta = \frac{T}{GI_P} \times \frac{180°}{\pi} = \frac{1\ 500}{80 \times 10^9 \times 1.316 \times 10^{-6}} \times \frac{180°}{\pi} = 0.82°/\text{m}$$

单位长度上的扭转角 θ 小于许用扭转角 $[\theta] = 1.5°/m$,轴的刚度合格。

④ 实心轴的直径 d_2 与质量比较。

材料相同,横截面的极惯性矩相同则刚度相同

$$\frac{\pi d_2^4}{32} = \frac{\pi}{32}(D^4 - d^4)$$

$$d_2 = \sqrt[5]{D^4 - d^4} = 0.06\ \text{m} = 60\ \text{mm}$$

设此实心轴的质量为 m_2，材料相同，长度相同，质量之比即为截面积之比，即

$$\frac{m_2}{m}=\frac{\pi d_2^2/4}{\pi(D^2-d^2)/4}=\frac{0.06^2}{0.09^2-0.085^2}=4.1$$

从这个例子中可以发现，相同强度和相同刚度的实心轴比空心轴的质量大得多，此例中分别为 3 倍和 4.1 倍，这是因为实心轴心部材料的性能未被充分利用，在扭转问题中，轴的切应力由边沿的最大到中心的最小为 0。因此空心轴既可节省材料又可减轻轴的重量。

【例 6 - 7】 用 SolidWorks 插件 COSMOSWorks 对例 6 - 6 汽车传动轴进行强度和刚度的校验。

解：① 在 SolidWorks(2008)中建立传动轴的模型。以右视基准面为草图，绘制 $\phi90$ 的圆，实体拉伸 1 000 mm，再通过拉伸切除形成空心轴，保存并命名为"传动轴"。

② 单击 SolidWorks"工具→插件"菜单项，在弹出的插件栏中勾选 COSMOSWorks2008 并单击插件栏下方"确定"，启动 COSMOSWorks，在界面左上设计树上出现如图 6 - 12 所示图标，单击该图标，进入 COSMOSWorks 环境，如图 6 - 13 所示。

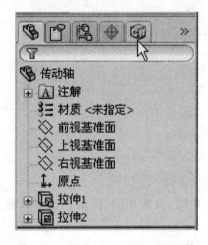

图 6 - 12 进入 COSMOSWorks 环境

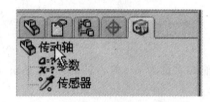

图 6 - 13 COSMOSWorks 设计树

③ 右击如图 6 - 13 所示"传动轴"，单击"选项"→"系统选项"→"默认选项"菜单项，进入默认选项栏，选择右边"系统单位"为"公制（I）（MKS）"，"单位"中"长度/位移 L"单位为毫米，"压力/应力（P）"单位为 N/m²。右击图解→默认图解→静态算例结果，并单击"添加新图解"（见图 6 - 14）。在原有 3 个图解的基础上增加新图解 4，选择其右边的"结果类型"为"节应力"，结果分量为"TXY：YZ 基准面上 Y 方向抗剪"。单击"确定"返回。

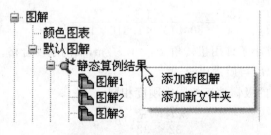

图 6 - 14 添加新图解

④ 右击如图 6-13 所示"传动轴",单击"算例"菜单项,算例名称为"算例 1",可自行命名,单击其左上"√"确定,建立了一个名为"算例 1"的算例(见图 6-15)。

⑤ 右击"实体",单击"应用材料到所有"菜单项,出现"材料"定义栏,单击"自库文件",展开"Steel(30)",选中"AISI1020",材料的力学性能出现在右面,注意其上的"单位"是否为"公制",如不是,选为"公制",其"抗剪模量"也就是剪切弹性模量为"8e＋010 N/m²"即 80 GPa,其屈服强度为"350 000 000 N/m²",即 350 MPa,与 45 钢相当。用此材料代替 45 钢,结果一样,当然也可以自定义材料及力学性能。单击栏目下方"确定",退出材料设定。

⑥ 右击图 6-15 所示"载荷/约束",单击"约束"菜单项,约束类型选"固定",并在桌面选中传动轴一个端面的圆环面,可先将圆环面放大再单击其环面中间,如图 6-16 所示,圆环面上会出现约束称号,左上"约束"栏也出现了"＜面 1＞"。单击其左上"√"确定,在界面左上"载荷/约束"出现"约束 1"。

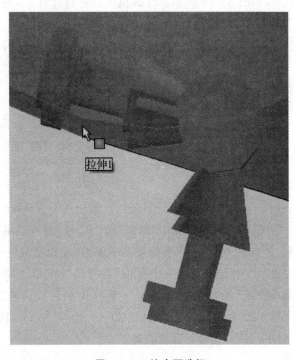

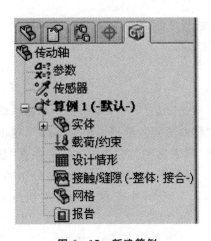

图 6-15 新建算例

图 6-16 约束面选择

⑦ 右击图 6-15 所示"载荷/约束",在出现的菜单中单击"力"→"应用力矩"。"力矩的面"(见图 6-17,鼠标箭头放到图标处就会出现)选择传动轴的另一个端面圆环面,"方向的轴、边线、圆柱面"(见图 6-18)选中传动轴的外圆柱面(先单击图标右方框一,再单击外圆柱面)。在"单位"中选择"SI",在"法向力/力矩(每个实体)"下方"力矩值"中输入 1 500。单击其左上"√"确定,在界面左上"载荷/约束"出现"力 1"。

⑧ 右击图 6-15 所示"网格",单击"生成网格",使用默认划分,单击其左上"√"确定,传动轴被划分为有限个网格单元。

图 6－17　力矩的面

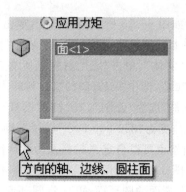

图 6－18　方向的轴、边线、圆柱面

⑨ 完成上述设置后,设计树"实体"、"网格"上有"√",载荷/约束下添加了"约束 1"和"力 1",如图 6－19 所示。计算机可以进行计算了,右击"算例 1(默认)",在弹出的菜单中选择"运行"来运行算例。

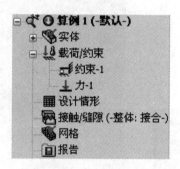

图 6－19　完成的算例

⑩ 单击左边设计树中"结果"前"＋"号,展开结果。双击"应力 2(－XY 抗剪－)",激活该结果,并右击界面,在弹出的菜单中单击"编辑定义"→"应力图解",选择单位为 N/m²,单击其左上"√"确定。再次右击界面,在弹出的菜单中单击"图表选项",在图表选项中勾选"显示最小注解"和"显示最大注解",单击其左上"√"确定。得到图 6－20 所示切应力分布图。图中显示最大切应力为"5.170326e＋007" N/m²,即 51.7 MPa,小于材料的许用切应力 $[\tau]$＝60 MPa,此轴的强度合格。

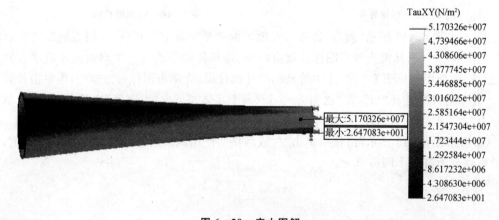

图 6－20　应力图解

⑪ 双击"位移1(一合位移一)",激活该结果,并右击界面,在弹出的菜单中单击"编辑定义"→"位移图解",选择单位为 mm,单击其左上"√"确定。再次右击,在弹出的菜单中单击"图表选项",在图表选项中勾选"显示最小注解"和"显示最大注解",单击其左上"√"确定。得到如图 6-21 所示位移分布图(由于在圆周方向显示困难,其位移在径向显示),图中显示在总长 1 000 mm 的轴上,其最大位移为"6.471745e-001",即 0.647 mm,该位移发生传动轴外径边沿处,传动轴外径为 90 mm,0.647 mm 弦或弧 s 对应的角度,即传动轴的扭转角 θ 为

$$\theta = \frac{s}{D/2} \times \frac{180}{\pi} = \frac{0.647}{90/2} \times \frac{180}{\pi} = 0.82 \; °/m$$

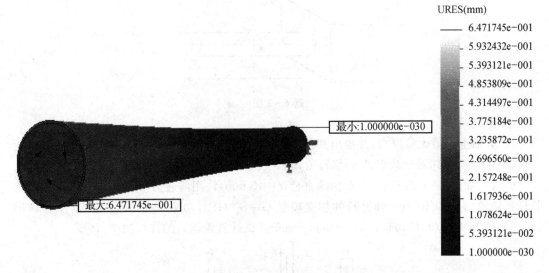

URES(mm)

—— 6.471745e-001
- 5.932432e-001
- 5.393121e-001
- 4.853809e-001
- 4.314497e-001
- 3.775184e-001
- 3.235872e-001
- 2.696560e-001
- 2.157248e-001
- 1.617936e-001
- 1.078624e-001
- 5.393121e-002
- 1.000000e-030

最小:1.000000e-030

最大:6.471745e-001

图 6-21 位移分布图

单位长度上的扭转角 θ 小于许用扭转角 $[\theta] = 1.5 \; °/m$,轴的刚度合格。

此例计算结果与例 6-6 结果相同。

6.5 习 题

6-1 试求题 6-1 图所示各轴在指定横截面 1-1、2-2 和 3-3 上的转矩。

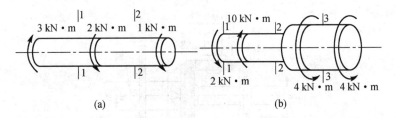

(a)   (b)

题 6-1 图

6-2 试绘出题 6-2 图所示各轴的转矩图。

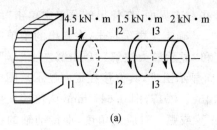 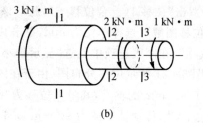

(a)   (b)

题 6-2 图

6-3 题 6-3 图所示的圆轴,直径 $d=100$ mm,$l=500$ mm,$M_1=7\,000$ N·m,$M_2=5\,000$ N·m,$G=8\times10^4$ MPa。

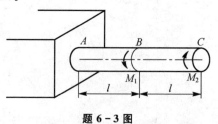

题 6-3 图

① 作扭矩图;

② 求轴上的最大剪应力,并指出其位置;

③ 求截面 C 相对于截面 A 的扭转角 φ_{CA}。

6-4 如题 6-4 图所示,传动轴的直径 $d=40$ mm,许用剪应力 $[\tau]=60$ MPa,许用单位长度扭转角 $[\theta]=0.5$ °/m,轴材料的切变模量 $G=80$ GPa,功率 P 由 B 轮输入,A 轮输出 $2P/3$,C 轮输出 $P/3$,传动轴转速 $n=500$ r/min。试计算轮输入的许可功率 $[P]$。

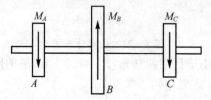

题 6-4 图

6-5 如题 6-5 图所示传动机构中,E 轴的转速 $n=120$ r/min,从 B 轮输入功率 $N=60$ 马力,功率的一半通过锥形齿轮传给垂直轴 C,另一半由水平轴 H 输出。已知 $D_1=600$ mm,$D_2=240$ mm,$d_1=100$ mm,$d_2=80$ mm,$d_3=60$ mm,$[\tau]=20$ MPa。试对各轴进行强度校核。

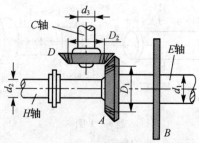

题 6-5 图

6-6　题 6-6 图所示圆轴的 AC 段为实心圆截面,CB 段为空心圆截面,外径 $D=30$ mm,空心段内径 $d=20$ mm、外力偶矩 $T=200$ N·m,试计算 AC 段和 CB 段横截面外边缘的剪应力,以及 CB 段内边缘处的剪应力。

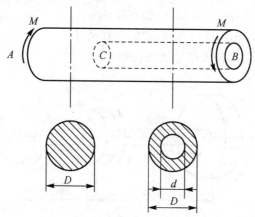

题 6-6 图

6-7　齿轮轴上有 4 个齿轮见题 6-7 图,已算出各轮所受外力偶矩为 $T_A=52$ N·m、$T_B=120$ N·m、$T_C=40$ N·m、$T_D=28$ N·m。已知各段轴的直径分别为 $d_{AB}=15$ mm、$d_{BC}=20$ mm、$d_{CD}=12$ mm。①作该轴的扭矩图;②求 1-1、2-2、3-3 截面上的最大剪应力。

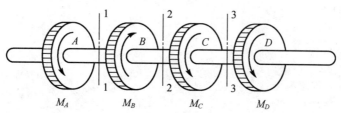

题 6-7 图

6-8　发电量为 15 000 kW 的水轮机主轴如题 6-8 图所示。$D=550$ mm,$d=300$ mm,正常转速 $n=250$ r/min。材料的许用剪应力 $[\tau]=50$ MPa。试校核水轮机主轴的强度。

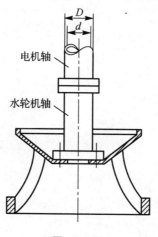

题 6-8 图

6-9 如题 6-9 图所示的传动轴的转速为 $n=500$ r/min，主动轮 1 输入功率 $N_1=$ 500 马力，从动轮 2、3 分别输出功率 $N_2=200$ 马力，$N_3=300$ 马力。已知 $[\tau]=70$ MPa，$[\theta]=1$ °/m，$G=80$ GPa。

① 试确定 AB 段的直径 d_1 和 BC 段的直径 d_2；

② 若 AB 和 BC 两段选用同一直径，试确定直径 d；

③ 主动轮和从动轮应如何安排才比较合理？

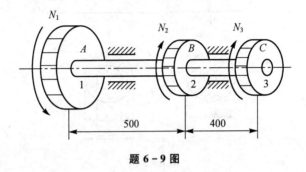

题 6-9 图

第7章 直梁弯曲

本章要点

● 理解弯曲的概念和实例。

● 掌握截面法求剪力和弯矩。

● 掌握剪力方程和弯矩方向,剪力图和弯矩图。

● 掌握横力弯曲(剪切弯曲)时正应力和切应力的计算。

● 掌握横力弯曲变形的计算。

● 掌握提高弯曲强度的措施。

7.1 梁的类型及计算简图

7.1.1 对称弯曲的概念

承受设备及起吊重量的桥式起重机的大梁(见图 7-1)、承受转子重量的电机轴(见图 7-2)等,在工作时最容易发生的变形是弯曲。其受力特点是:杆件都是受到与杆轴线相垂直的外力(横向力)或外力偶的作用。其变形为杆轴线由直线变成曲线,这种变形称为弯曲变形。

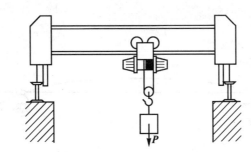

图 7-1 桥式起重机的大梁

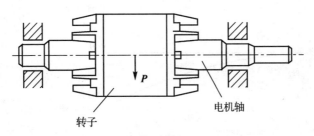

图 7-2 承受转子重量的电动机轴

工程中的梁,其横截面通常都有一纵向对称轴。该对称轴与梁的轴线组成梁的纵向对称面(见图 7 - 3)。外力或外力偶作用在梁的纵向对称平面内,则梁变形后的轴线在此平面内弯曲成一平面曲线,这种弯曲称为**对称弯曲**。

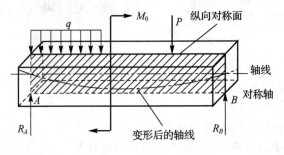

图 7 - 3 对称弯曲

7.1.2 梁上的载荷

作用在梁上的载荷可以简化为以下 3 种类型:①集中力;②集中力偶;③分布载荷。

7.1.3 梁的基本形式

1. 简支梁

梁的一端为固定铰链支座,另一端为活动铰链支座,如图 7 - 4(a)所示。

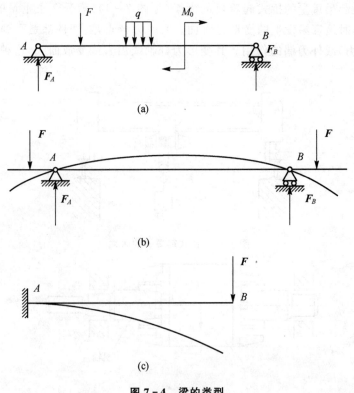

(a)

(b)

(c)

图 7 - 4 梁的类型

2. 外伸梁

梁的支座和简支梁相同,只是梁的一端或两端伸出在支座之外,如图 7 - 4(b)所示。

3. 悬臂梁

梁的一端固定,另一端自由,如图 7 - 4(c)所示。

在对称弯曲的情况下,梁的主动力与约束反力构成平面力系。上述简支梁、外伸梁和悬臂梁的约束反力,都能由静力平衡方程确定,因此,又称为**静定梁**。

在工程实际中,有时为了提高梁的强度和刚度,采取增加梁的支承的办法,此时静力平衡方程就不足以确定梁的全部约束反力,这种梁称为**静不定梁**或**超静定梁**。

7.2 梁弯曲时的内力

7.2.1 剪力和弯矩

现以图 7 - 5 所示的简支梁为例来研究各横截面上的内力。P_1、P_2 和 P_3 为作用于梁上的载荷,R_A 和 R_B 为两端的支座反力。为了显示出横截面上的内力,沿截面 m - m 假想地把梁分成两部分,并以左段为研究对象。因为原来的梁处于平衡状态,所以梁的左段仍应处于平衡状态。作用于左段上的力,除外力 R_A 和 P_1 外,在截面 m - m 上还有右段对它作用的内力。把这些内力和外力投影于 y 轴,其总和应等于零。一般来说,这就要求截面 m - m 上有一个与横截面相切的内力 Q,且由 $\sum F_y = 0$,得

$$R_A - P_1 - Q = 0 \Rightarrow Q = R_A - P_1 \tag{7 - 1}$$

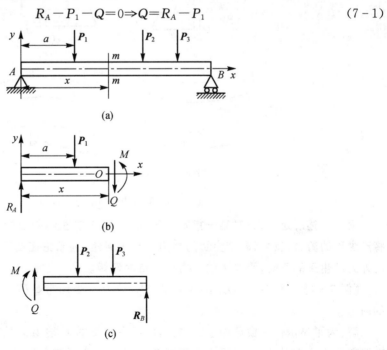

(a)

(b)

(c)

图 7 - 5 截面法求剪刀和弯矩

Q 称为横截面 $m-m$ 上的**剪力**,它是与横截面相切的分布内力系的合力。若把左段上的所有外力和内力对截面 $m-m$ 的形心 O 取矩,其力矩总和应等于零。一般说,这就要求截面 $m-m$ 上有一个内力偶矩,由 $\sum M_O=0$,得

$$M+P_1(x-a)-R_Ax=0 \Rightarrow M=R_Ax-P_1(x-a) \qquad (7-2)$$

M 称为横截面 $m-m$ 上的**弯矩**,它是与横截面垂直的分布内力系的合力偶矩。

从 $(7-1)$ 式看出,剪力 Q 在数值上等于截面 $m-m$ 以左所有外力在梁轴垂线(y 轴)上投影的代数和。从 $(7-2)$ 式算出,弯矩 M 在数值上等于截面 $m-m$ 以左所有外力对截面形心的力矩的代数和。所以,Q 和 M 可用截面 $m-m$ 左侧的外力来计算。

如以右段为研究对象,用相同的方法也可求得截面 $m-m$ 上的剪力 Q 和弯矩 M。且 Q 在数值上等于截面 $m-m$ 以右所有外力在梁轴垂线上投影的代数和;M 在数值上等于截面 $m-m$ 以右所有外力对截面形心力矩的代数和。因为剪力和弯矩是左段与右段之间在截面 $m-m$ 上相互作用的内力,所以右段作用于左段的剪力 Q 和弯矩 M,必然在数值上等于左段作用于右段的剪力 Q 和弯矩 M,但方向相反。

把剪力和弯矩的符号规则与梁的变形联系起来,规定如下:如图 $7-6(a)$ 所示变形情况下,截面的左段对右段向上错动时,截面上的剪力规定为正;反之为负,如图 $7-6(b)$ 所示。如图 $7-6(c)$ 所示的变形情况,即在横截面 $m-m$ 处弯曲变形凹向下时,这一横截面上的弯矩规定为正;反之为负,如图 $7-6(d)$ 所示。

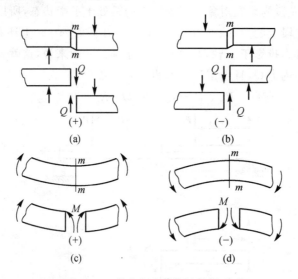

图 7-6　剪力和弯矩的符号规则

根据上述规定可知:对某一指定的截面来说,在它左侧向上的外力,或右侧向下的外力将产生正的剪力;反之,即产生负的剪力。至于弯矩,则无论在指定截面的左侧或右侧,向上的外力产生正的弯矩,而向下的外力产生负的弯矩。

【例 7-1】 图 $7-7(a)$ 示的悬臂梁 AB,长为 l,受均布载荷 q 的作用,求梁各横截面上的内力。

解:为了显示任一横截面上的内力,假想在距梁的 B 端为 x 处沿 $m-m$ 截面将梁切开。现取左段为研究对象,作出受力图如图 $7-7(b)$ 示,由平衡方程求得内力

$$\sum F_y = 0, -qx - Q = 0 \Rightarrow Q = -qx \qquad \sum M_C = 0, (qx^2)/2 + M = 0 \Rightarrow M = -(qx^2)/2$$

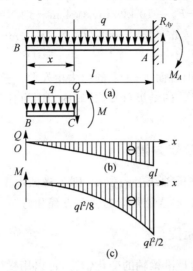

图 7-7 求梁各横截面上的内力

【例 7-2】 如图 7-8 所示的简支梁受集中力 $F = 1\,000$ N, 集中力偶 $M = 4$ kN·m 和均布载荷 $q = 10$ kN/m 的作用, 试根据外力直接求出图中 1-1 和 2-2 截面上的剪力和弯矩。

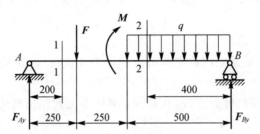

图 7-8 求指定截面的剪力和弯矩

解: ① 求支反力

$\sum M_B = 0, F \times 0.75$ m $- F_{Ay} \times 1$ m $- M + 10^4$ N/m $\times 0.5$ m $\times 0.25$ m $= 0 \Rightarrow$

$F_{Ay} = -2000$ N

$\sum F_y = 0, F_{Ay} - F - 0.5q + F_{By} = 0 \Rightarrow F_{By} = 8\,000$ N

② 求截面内力。

由左侧外力计算

1-1 截面: $Q_1 = F_{Ay} = -2\,000$ N $\Rightarrow M_1 = F_{Ay} \times 0.2$ m $= -2\,000$ N $\times 0.2$ m $= -400$ N·m

2-2 截面: $Q_2 = F_{Ay} - F - q \times 0.1 = -2\,000$ N $- 1\,000$ N $- 10^4$ N/m $\times 0.1$ m $= -4\,000$ N

$M_2 = F_{Ay} \times 0.6$ m $- F \times 0.35$ m $+ M - q \times 0.1$ m $\times 0.05$ m $= -2\,000$ N $\times 0.6$ m $- 1\,000$ N $\times$ 0.35 m $+ 4\,000$ N·m $- 10^4$ N/m $\times 0.1$ m $\times 0.05$ m $= 2\,400$ N·m

由右侧外力计算

1-1 截面: $Q_1 = F_{By} + q \times 0.5 + F = -8\,000$ N $+ 10^4$ N/m $\times 0.5$ m $+ 1\,000$ N $= -2\,000$ N

$M_1 = F_{By} \times 0.8$ m $- q \times 0.5 \times 0.55$ m $- M - F \times 0.05$ m $= 8\,000$ N $\times 0.8$ m $- 10^4$ N/m

$\times 0.5$ m$\times 0.55$ m$-4\ 000$ N$-1\ 000$ N$\times 0.05$ m$=-400$ N·m

2-2截面:$Q_2 = q\times 0.4-F_{By}=10$ kN/m$\times 0.4$ m-8 kN$=-4\ 000$ N

$M_2 = F_{By}\times 0.4$ m$-q\times 0.4$ m$\times 0.2$ m$=8\ 000$ N$\times 0.4$ m-10^4 N/m$\times 0.4$ m$\times 0.2$ m$=2\ 400$ N·m

两侧计算结果完全相同,但截面1-1上的内力由左侧计算较简便,截面2-2上的内力由右侧计算较方便。由以上计算的结果可知,计算内力时可任取截面左侧或右侧,一般取外力较少的杆段为好。

7.2.2　剪力方程和弯矩方程

以横坐标 x 表示横截面在梁轴线上的位置,则各横截面上的剪力和弯矩皆可表示为 x 的函数,即 $Q=Q(x)$ 和 $M=M(x)$ 这就是梁的剪力方程和弯矩方程。

7.2.3　剪力图和弯矩图

为了形象地表明剪力和弯矩沿梁轴的变化情况,可以用横坐标表示横截面的位置,以纵坐标表示相应截面上的剪力和弯矩,按一定比例尺,可分别绘出 $Q=Q(x)$ 和 $M=M(x)$ 的图形。这两种图形分别称为剪力图(Q 图)和弯矩图(M 图)。

作剪力图(Q 图)和弯矩图(M 图)的一般步骤为:

① 作剪力 Q-x 和弯矩 M-x 直角坐标系,其中 x 轴平行于梁轴线,Q 轴、M 轴垂直于梁轴线;

② 确定分段点,分段建立剪力方程、弯矩方程;

③ 确定各分段点处截面上的剪力和弯矩的大小及正负,标在 Q-x 和 M-x 坐标系中得到相应的点;

④ 根据各段剪力方程、弯矩方程,在 Q-x 坐标中大致作出剪力图图形,在 M-x 坐标中大致作出弯矩图图形。

【例7-3】 试作出例7-1中悬臂梁的剪力图和弯矩图。

解: ① 建立弯矩方程。由例7-1知弯矩方程为

$$Q=-qx,M=-(qx^2)/2(0\leqslant x\leqslant l)$$

② 画剪力图和弯矩图。

剪力方程为一元一次方程,其图像为一斜直线;弯矩方程为一元二次方程,其图像为抛物线。求出其极值点并相连,便可近似作出其剪力图和弯矩图,如图7-7(c)所示。

$$x=0:Q=0,M=0;x=l:Q=-ql,M=-ql^2/2$$

【例7-4】 图7-9(a)所示的简支梁,在全梁上受集度的均布载荷,试做此梁的弯矩图。

解: ① 求支反力。由 $\sum M_A=0$ 及 $\sum M_B=0$ 得

$$F_{Ay}=F_{By}=ql/2$$

② 列弯矩方程。取 A 为坐标原点,并在截面 x 处切取左段为研究对象(见图7-9(b)),则

$$M=F_{Ay}x-qx^2/2=qxl/2-qx^2/2 \qquad (0\leqslant x\leqslant l)$$

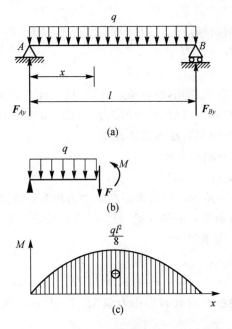

图 7 - 9　作梁的弯矩图

③ 画弯矩图。

上式表明,弯矩 M 是 x 的二次函数,弯矩图是一条抛物线。由均布载荷在梁上的对称分布特点可知,抛物线的最大值应在梁的中点处。也可用求极值的方法确定极值所在位置,即极值的 x 坐标值,代入弯矩方程,求出弯矩的最大值。

由三组特殊点,可大致确定这条曲线的形状(见图 7 - 9(c))。

【例 7 - 5】　图 7 - 10(a)所示的简支梁 AB,在 C 点处受到集中力 F 作用,尺寸 a、b 和 l 均为已知,试作出梁的弯矩图。

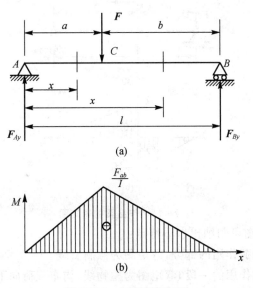

图 7 - 10　作梁的弯矩图

解:① 由静力平衡条件计算支反力

$$\sum M_B = 0, Fb - R_A l = 0; \sum M_A = 0, R_B l - Fa = 0$$

由此得:$R_A = Fb/l, R_B = Fa/l$

② 建立弯矩方程。

在梁的 C 点处有集中力 F 作用,所以梁应分成 AC 和 CB 两段分别建立弯矩方程。

$$M(x) = Fbx/l \quad (0 \leqslant x \leqslant a) \qquad M(x) = Fbx/l - F(x-a) = Fa(l-x)/l \quad (a \leqslant x \leqslant l)$$

③ 由弯矩方程知,C 截面左右段均为斜直线。

AC 段:$x = 0, M = 0; x = a, M = Fab/l$

BC 段:$x = a, M = Fab/l; x = l, M = 0$

作弯矩图如图 7-10(b)所示。最大弯矩在集中力作用处横截面 $C, M_{max} = Fab/l$。

【**例 7-6**】 图 7-11(a)所示的简支梁 AB,在 C 点处受到集中力偶 M_0 作用,尺寸 a、b 和 l 均为已知,试作出梁的弯矩图。

解:① 求约束反力

$$F_A = F_B = M_0/l$$

② 建立弯矩方程。梁在 C 点处有集中力偶 M_0 作用,所以梁应分 AC 和 CB 两段分别建立弯矩方程。

AC 段:$M = -F_A x = -M_0 x/l \quad (0 \leqslant x \leqslant a)$

CB 段:$M = M_0 - F_A x = M_0 - M_0 x/l \quad (a \leqslant x \leqslant l)$

③ 画弯矩图。由弯矩方程可知,C 截面左右均为斜直线。

AC 段:$x = 0, M = 0; x = a, M = -M_0 a/l$

BC 段:$x = a, M = M_0 b/l; x = l, M = 0$。

作弯矩图如图 7-11(b)所示。如 $b > a$,则最大弯矩发生在集中力偶作用处右侧横截面上,$M_{max} = M_0 b/l$。

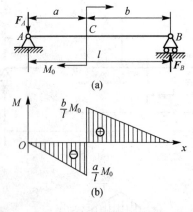

图 7-11 作出梁的弯矩图

由以上例题的弯矩图可归纳出以下特点:

① 梁上没有均布载荷作用的部分,弯矩图为倾斜直线。

② 梁上有均布载荷作用的一段,弯矩图为抛物线,均布载荷向下时抛物线开口向下。

③ 在集中力作用处,弯矩图上在此出现折角(即两侧斜率不同)。

④ 梁上集中力偶作用处,弯矩图有突变,突变的值即为该处集中力偶的力偶矩。从左至右,若力偶为顺时针转向,弯矩图向上突变,反之若力偶为逆时针转向,则弯矩图向下突变。

⑤ 绝对值最大的弯矩总是出现在:剪力为零的截面上、集中力作用处、集中力偶作用处。

利用上述特点,可以不列梁的内力方程,而简捷地画出梁的弯矩图。其方法是:以梁上的界点将梁分为若干段,求出各界点处的内力值,最后根据上面归纳的特点画出各段弯矩图。

【例 7 - 7】　一外伸梁受力情况如图 7 - 12(a)所示,试作梁的弯矩图。

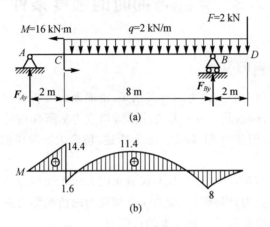

图 7 - 12　作梁的弯矩图

解:① 求支反力

$\sum M_A = 0, M - q \times 10 \text{ m} \times (5+2)\text{m} - F \times 12 \text{ m} + F_{By} \times 10 \text{ m} = 0 \Rightarrow F_{By} = 14.8 \text{ kN}$

$\sum M_B = 0, -F_{Ay} \times 10 \text{ m} + M + q \times 8 \text{ m} \times 4 \text{ m} - q \times 2 \text{ m} \times 1 \text{ m} - F \times 2 \text{ m} = 0 \Rightarrow F_{Ay} = 7.2 \text{ kN}$

② 求各界点的弯矩值。

本题中有 4 个界点 A、B、C、D,故将全梁分为 3 段 AC、CB、BD。

A 点:$M_{A右} = 0$

C 点:$M_{C左} = F_{Ay} \times 2 \text{ m} = 14.4 \text{ kN} \cdot \text{m}$,$M_{C右} = F_{Ay} \times 2 \text{ m} - M = 14.4 - 16 = -1.6 \text{ kN} \cdot \text{m}$

B 点:$M_{B左} = -q \times 2 \text{ m} \times 1 \text{ m} - F \times 2 \text{ m} = -8 \text{ kN} \cdot \text{m}$,$M_{B右} = M_{B左} = -8 \text{ kN} \cdot \text{m}$

D 点:$M_{D右} = M_{D左} = 0$

③ 画弯矩图。

AC 段:该段无均布载荷,M 图应为斜直线。连接 A 点和 C 点左侧弯矩值,画出 AC 段弯矩图。

CB 段:该段 C 点处有集中力偶,M 图上有向下的突变,突变值为外力偶矩的大小,CB 段受向下的均布载荷作用,故该段弯矩图是开口向下的抛物线。但这里需确定该段弯矩最大值及所在位置,由上面归纳可知,最大弯矩值应在该段剪力为零的点,故列剪力方程

$$Q = F_{Ay} - q(x-2)$$

当 $Q=0$ 时，$x=5.6$ m。

列弯矩方程

$$M=F_{Ay}x-M-q(x-2)\times(x-2)/2=7.2x-16-(x-2)^2$$

当 $x=5.6$ m 时，$M_{max}=11.36$ kN·m。

连接 C 点右侧、最大弯矩值点与 B 点左侧弯矩值，即可画出该段弯矩图。

BD 段：该段受向下均布载荷作用，故 M 图为开口向下的抛物线。连接 B 点右侧与 D 点左侧弯矩值，可得该段弯矩图。

7.3 梁纯弯曲时的强度条件

7.3.1 梁纯弯曲的概念

剪力和弯矩是横截面上分布内力的合成结果，由前面的分析可知，正应力 σ 与切向作用于横截面内的剪力 τ 垂直，因此 σ 与 τ 无关；同样，切应力 τ 所作用的平面与弯矩 M 作用的梁的纵向对称面相垂直，因此与 M 无关。综上所述，切应力 τ 对应的内力为剪力，正应力 σ 对应的内力为弯矩。

梁的横截面上仅有弯矩而无剪力，从而仅有正应力而无切应力的情况，称为纯弯曲。横截面上同时存在弯矩和剪力，即既有正应力又有切应力的情况称为横力弯曲或剪切弯曲。

本小节重点讨论纯弯曲时梁横截面上的正应力。

7.3.2 纯弯曲时梁横截面上的正应力

图 7-13 所示的梁 CD 段为纯弯曲变形，该段横截面上的正应力的分布规律也需从几何、物理和静力学三方面考虑，详细分析请参考有关教材。

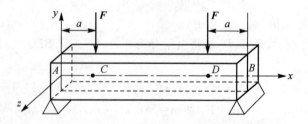

图 7-13 纯弯曲变形图

对弯曲变形的变形特点作出的平面假设认为：**原为平面的横截面变形后仍保持为平面，且仍垂直于变形后梁的轴线，只是绕横截面内某一轴旋转了一角度**（见图 7-14(a)、(b)）。若设想梁由无数纵向纤维组成，所有纵向纤维只受到轴向拉伸与压缩，由变形的连续性可知，从梁上半部的压缩到下半部的伸长，其间必有一层长度不变，该层称为**中性层**，中性层与横截面的交线，称为**中性轴**（见图 7-14(c)）。

经理论分析可知，中性轴通过横截面的形心。变形时横截面绕其中性轴转动。由上述三方面的分析可得 $1/\rho=M/EI_z$，以及纯弯曲时梁横截面上的正应力计算公式

$$\sigma = \frac{My}{I_z} \qquad\qquad (7-3)$$

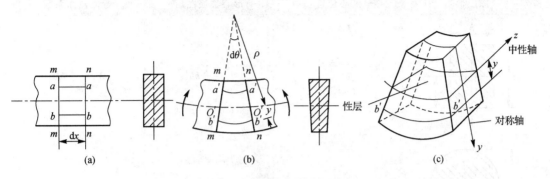

图 7 - 14　弯曲变形的变形特点

式中，M 为横截面上的弯矩；y 为横截面上任一点到中性轴的矩离；$I_z = \int_A y^2 \mathrm{d}A$ 为截面对中性轴 z 的惯性矩，是只与截面的形状和尺寸有关的几何量。

由上式可知，梁弯曲时，横截面上任一点处的正应力与该截面上的弯矩成正比，与惯性矩成反比，并沿截面高度呈线性分布。y 值相同的点，正应力相等；中性轴上各点的正应力为零。在中性轴的上、下两侧，一侧受拉，一侧受压。距中性轴越远，正应力越大（见图 7 - 15）。

当 $y = y_{max}$ 时，弯曲正应力最大，其值为

$$\sigma_{max} = \frac{My_{max}}{I_z} = \frac{M}{W_z} \qquad\qquad (7-4)$$

式中，$W_z = I_z / y_{max}$ 称为截面对于中性轴的弯曲截面系数，是一个与截面形状和尺寸有关的几何量。

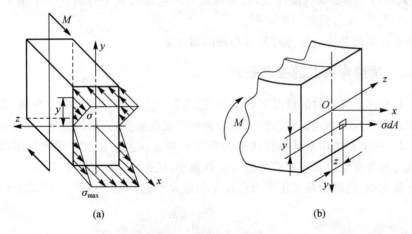

图 7 - 15　弯曲时的正应力

7.3.3　惯性矩和抗弯截面模量

工程上常用的矩形、圆形及环形的惯性矩和弯曲截面系数见表 7 - 1。对于其他截面和各种轧制型钢，其弯曲截面系数可查有关资料。

表 7 - 1 简单截面的惯性矩和抗弯截面模量

图 形	形心位置	形心轴惯性矩	弯曲截面系数
	$\overline{y}=\dfrac{1}{2}h$ $(y=0)$	$I_z=\dfrac{1}{12}bh^3$	$W_z=\dfrac{1}{6}bh^2$
	圆心	$I_z=\dfrac{\pi}{64}D^4$	$W_z=\dfrac{\pi}{32}D^3$
	圆心	$I_z=\dfrac{\pi}{64}(D^4-d^4)$ $=\dfrac{\pi}{64}D^4(1-a^4)$ $a=\dfrac{d}{D}$	$W_z=\dfrac{\pi}{32}D^3(1-a^4)$ $a=\dfrac{d}{D}$

对于形心轴平行的轴的惯性矩,由惯性矩的平行移轴定理给出,即

$$I_{z'}=I_z+a^2A \tag{7-5}$$

式中,I_z 为截面对于形心轴的惯性矩;$I_{z'}$ 为截面对于与形心轴平行的任一轴的惯性矩;a 为该两轴之间的距离;A 为该截面的面积。

上式用于计算简单组合图形对其形心轴的惯性矩。

7.3.4 梁纯弯曲时的强度条件

式(7-4)是在梁纯弯曲的情况下导出的,但工程中弯曲问题多为横力弯曲,即梁的横截面上同时存在有正应力和切应力。但大量的分析和实验证实,当梁的跨度 l 与横截面高度 h 之比大于 5 时,这个公式用来计算梁在横力弯曲时横截面上的正应力还是足够精确的。对于短梁或载荷靠近支座以及腹板较薄的组合截面梁,还必须考虑其切应力的存在。

对于等截面梁,此时的最大正应力应发生在最大弯矩所在的截面(危险截面)上,故有

$$\sigma_{max}=\frac{M_{max}y_{max}}{I_z}$$

或

$$\sigma_{max}=\frac{M_{max}}{W_z} \tag{7-6}$$

其强度条件是:梁的最大弯曲工作正应力不超过材料的许用弯曲正应力,即

$$\sigma_{max}\leqslant[\sigma] \tag{7-7}$$

在应用上述强度条件时,应注意下列问题:

（1）对塑性材料

由于塑性材料的抗拉和抗压许用能力相同，为了使截面上的最大拉应力和最大压应力同时达到其许用应力，通常将梁的横截面做成与中性轴对称的形状，例如工字形、圆形、矩形等，所以强度条件为

$$\sigma_{\max} = \frac{M_{\max}}{W_z} \leqslant [\sigma] \tag{7-8}$$

（2）对脆性材料

脆性材料的抗拉能力远小于其抗压能力，为使截面上的压应力大于拉应力，常将梁的横截面做成与中性轴不对称的形状，如 T 形截面，此时应分别计算横截面的最大拉应力和最大压应力，则强度条件应为

$$\sigma_{t,\max} = \frac{M_{\max}y_1}{I_z} \leqslant [\sigma_t] \tag{7-9}$$

$$\sigma_{c,\max} = \frac{M_{\max}y_2}{I_z} \leqslant [\sigma_c] \tag{7-10}$$

式中，y_1 和 y_2 分别表示受拉与受压边缘到中性轴的距离。

根据强度条件，一般可进行对梁的强度校核、截面设计及确定许可载荷。

【例 7 - 8】　图 7 - 16(a) 为一矩形截面简支梁。已知：$F = 5$ kN，$a = 180$ mm，$b = 30$ mm，$h = 60$ mm，试求竖放时与横放时梁横截面上的最大正应力。

解：① 求支反力

$$F_{Ay} = F_{By} = 5 \text{ kN}$$

② 画弯矩图（见图 7 - 16(b)）。

竖放时最大正应力

$$\sigma_{\max} = \frac{M}{W_z} = \frac{M}{\dfrac{bh^2}{6}} = \frac{900 \times 10^3 \text{ N} \cdot \text{mm}}{\dfrac{30 \text{ mm} \times (60 \text{ mm})^2}{6}} = 50 \text{ MPa}$$

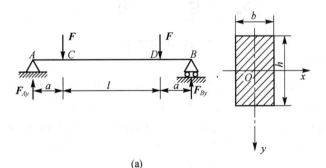

(a)

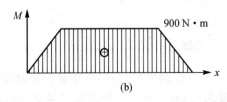

(b)

图 7 - 16　求竖放时与横放时梁横截面上的最大正应力

横放时最大应力

$$\sigma_{max}=\frac{M}{W_z}=\frac{M}{\dfrac{hb^2}{6}}=\frac{900\times10^3\ \text{N}\cdot\text{mm}}{\dfrac{6\ \text{mm}\times(30\ \text{mm})^2}{6}}=100\ \text{MPa}$$

由以上计算可知,对相同截面形状的梁,放置方法不同,可使截面上的最大应力也不同。对矩形截面,竖放要比横放合理。

【例 7 – 9】 图 7 – 17 为 T 型铸铁梁。已知:$F_1=10$ kN,$F_2=4$ kN,铸铁的许用拉应力 $[\sigma_t]=36$ MPa,许用压应力 $[\sigma_c]=60$ MPa,截面对形心轴 z 的惯性矩 $I_z=763$ cm^4,$y_1=52$ mm。试校核梁的强度。

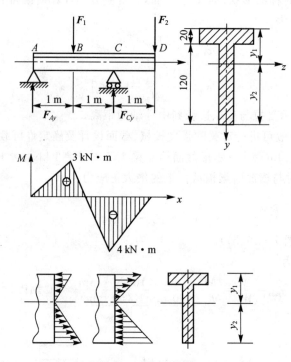

图 7 – 17 校核梁的强度

解:① 求支反力

$$\sum M_C=0,\ F_{Ay}=3\ \text{kN};\ \sum M_A=0,\ F_{Cy}=11\ \text{kN}$$

② 画弯矩图

$$M_A=M_D=0;M_B=F_{Ay}\times1\ \text{m}=3\ \text{kN}\cdot\text{m};M_C=F_2\times1\ \text{m}=-4\ \text{kN}\cdot\text{m}$$

③ 强度校核

$$M_{max}=M_C=-4\ \text{kN}\cdot\text{m}$$

C 截面

$$\sigma_{c,max}=\frac{M_Cy_2}{I_z}=\frac{4\times10^6\ \text{N}\cdot\text{mm}\times(120+20-52)\text{mm}}{763\times10^4\ \text{mm}^4}=46.2\ \text{MPa}\leqslant[\sigma_c]$$

由于 M_B 为正弯矩,其值虽然小于 M_C 的绝对值,但应注意到在截面 B 处最大拉应力发生在距离中性轴较远的截面下边缘各点,有可能发生比截面 C 还要大的拉应力,故还应对这些点进行强度校核。

B 截面

$$\sigma_{t,max} = \frac{M_By_2}{I_z} = \frac{3\times10^6 \text{ N}\cdot\text{mm}\times(120+20-52)\text{ mm}}{763\times10^4 \text{ mm}^4} = 34.6 \text{ MPa}\leqslant[\sigma_t]$$

梁满足强度条件。

【例 7 - 10】 一单梁吊车由 32b 号工字钢制成，如图 7 - 18 所示，梁跨度 $l=10.5$ m，梁材料为 Q235 钢，许用应力$[\sigma]=140$ MPa，电葫芦自重 $G=15$ kN，梁自重不计，求该梁可能承载的起重量 F。

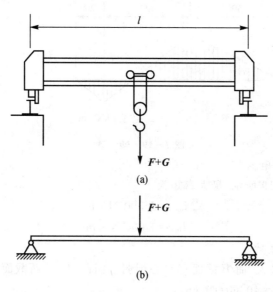

图 7 - 18 单梁吊车

解: ① 求支反力。

单梁吊车可简化为受集中力$(F+G)$的简支梁。分析可知，当吊车行至中点时，梁上的弯矩最大，此时根据对称性可求得支反力为

$$F_{Ay}=F_{By}=\frac{F+G}{2}$$

② 求最大弯矩

$$M_{max}=\frac{(F+G)l}{4}$$

③ 计算许可载荷 F。

根据强度条件　　　$\dfrac{M_{max}}{W_z}\leqslant[\sigma]$ 或 $M_{max}\leqslant[\sigma]W_z$

由型钢表查得 32b 工字钢的弯曲截面系数

$$W_z=726.33 \text{ cm}^3（表中为 } W_x)$$

故　$M_{max}\leqslant[\sigma]W_z=(140\times10^6 \text{ N/m}^2)\times(726.33\times10^{-6} \text{ m}^3)=1.02\times10^5 \text{ N}\cdot\text{m}=102 \text{ kN}\cdot\text{m}$

由　　　　　　　　$M_{max}=\dfrac{(F+G)l}{4}$

得　　　$F=\dfrac{4M_{max}}{l}-G=\dfrac{4\times102 \text{ kN}\cdot\text{m}}{10.5 \text{ m}}-15 \text{ kN}=23.86 \text{ kN}$

【例 7-11】 某一转轴如图 7-19 所示。力 $F_1 = 8$ kN，$F_2 = 5$ kN，材料为 45 钢，许用弯曲应力 $[\sigma_W] = 80$ MPa。试校核此轴的弯曲强度。

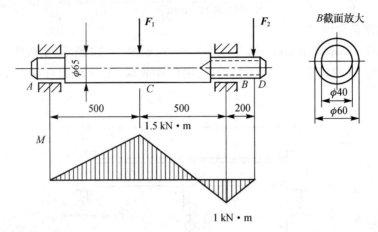

图 7-19 转 轴

解：① 确定最大弯矩。

做弯矩图如图 7-19 所示，最大弯矩为

$$M_{\max} = 1\,500 \text{ N} \cdot \text{m}$$

$$M_{BD} = 1\,000 \text{ N} \cdot \text{m}$$

② 计算抗弯截面系数。

由于 C 截面弯矩最大，而 B 截面有空心削弱。因此，B、C 两截面均需考虑验算弯曲强度。对 BD 段，$\alpha = d/D = 40/60 = 0.667$，

$$W_{ZB} = \frac{\pi d^3}{32}(1-\alpha^4) = \frac{3.14 \times 0.06^3}{32} \times (1-0.667^4) = 1.7 \times 10^{-5} \,(\text{m}^3)$$

$$W_{ZC} = \frac{\pi D_1^3}{32} = \frac{3.14 \times 0.065^3}{32} = 2.7 \times 10^{-5} \,(\text{m}^3)$$

③ 强度校核

$$\sigma_B = \frac{M_{BD}}{W_{ZB}} = \frac{1\,000}{1.7 \times 10^{-5}} = 5.88 \times 10^7 \,(\text{Pa}) = 58.8 \text{ MPa}$$

$$\sigma_C = \frac{M_{BD}}{W_{ZC}} = \frac{1\,500}{2.7 \times 10^{-5}} = 5.56 \times 10^7 \,(\text{Pa}) = 55.6 \text{ MPa}$$

两危险截面上的弯曲应力均小于许用弯曲应力 $[\sigma_W] = 80$ MPa，此轴强度合格。

【例 7-12】 用 SolidWorks 插件 COSMOSWorks 计算例 7-11 转轴最大应力和变形。

解：因建模时需具体尺寸，转轴的尺寸如图 7-20 所示。

① 在 SolidWorks 中建立转轴的模型，为了便于加载和约束，在尺寸为 950 mm 段中间加分隔线，在距离中空轴端 175 mm 处加分隔线，形成轴颈。命名"转轴"并保存。

② 单击 COSMOSWorks 图标进入 COSMOSWorks，新建"算例 1"。

③ 右击"实体"，在弹出的菜单中单击"应用材料到所有"→"自库文件"→"cosmos materials"→stell(30)→AISI1020，该材料与 45 钢相近。

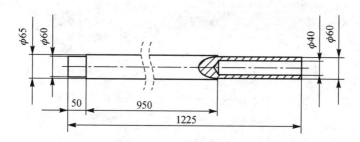

图 7 - 20　转轴尺寸

④ 添加约束,在轴的两端各长 50 mm 的轴颈处添加"不可移动(无平移)"约束,如图 7 - 21所示。

图 7 - 21　添加好的约束

⑤ 在轴中部分隔线处添加"力 1",力值为 8 000 N,展开设计树,设置如图 7 - 22 所示,边线<1>为轴中段分隔线。在轴的空心端添加"力 2",力值为 5 000 N,设置如图 7 - 23 所示。设置好的力如图 7 - 24 所示。

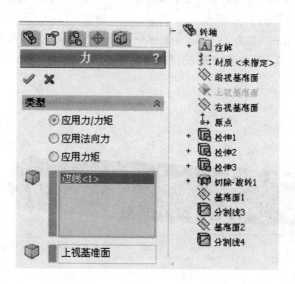

图 7 - 22　力 1 设置

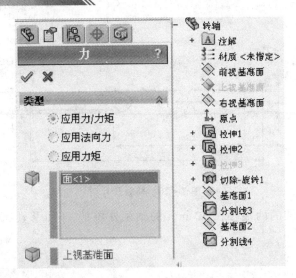

图 7-23 力 2 设置

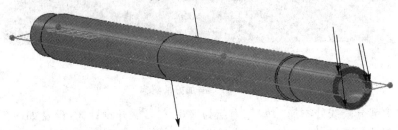

图 7-24 加载好的力

⑥ 右击网格,生成网格,网格参数为默认,单击"选项"→"自动过渡"菜单项,确认。

⑦ 右击了"算例 1"并运行。

⑧ 展开"结果",双击"应力 1(-vonMises-)"激活该结果,并在该项右击"图表选项"→"显示最大注解"菜单项,得到图 7-25 所示应力图解。最大 vonMises 应力(节应力)为 79.9 MPa。

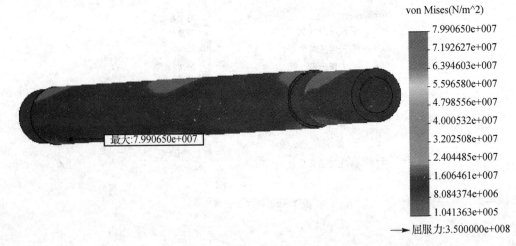

图 7-25 应力图解

⑨ 双击"位移1(一合位移一)"激活该结果,并在弹出菜单中右击"图表选项"→"显示最大注解"菜单项,得到图 7 - 26 所示位移图解。最大变形量为 0.213 mm。

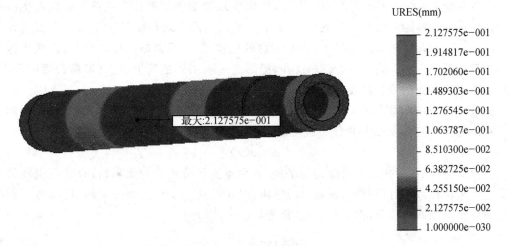

$$\text{URES(mm)}$$

2.127575e-001
1.914817e-001
1.702060e-001
1.489303e-001
1.276545e-001
1.063787e-001
8.510300e-002
6.382725e-002
4.255150e-002
2.127575e-002
1.000000e-030

最大:2.127575e-001

图 7 - 26 位移分布图

此例结果与例 7 - 11 结果有所不同,主要是因为在力学中解决问题很多的条件均已最简化,如此轴的支承假设集中于 A、B 两点,应力集中无法体现等。而在 COSMOSWorks 环境中构件所处环境更为接近真实,因而此例结果比例 7 - 11 结果更可靠。

7.4 弯曲变形

在工程实际中,某些机器或机构中的构件,在满足强度条件的同时,还需要满足一定的刚度条件。因为对某些构件而言,刚度条件将直接影响到机器或机构的工作精度,如机床主轴,如果刚度不够,将严重影响加工工件的精度;传动轴的变形过大,则不仅会影响齿轮的啮合,还会导致支撑齿轮的轴颈和轴承产生不均匀磨损,既影响轴的旋转精度,同时还会大大降低齿轮、轴及轴承的工作寿命。

7.4.1 挠曲线

设悬臂梁 AB 在其自由端 B 有一集中力 F 作用(见图 7 - 27)。弯曲变形前梁的轴线 AB 为一直线,选取直角坐标系,令 x 轴与梁变形前的轴线重合,w 轴垂直向上,则 xw 平面就是梁的纵向对称平面。变形后,在梁的纵向对称平面内梁的轴线 AB 变成一条连续光滑的曲线 AB',此曲线称为梁的**挠曲线**,如图 7 - 27 所示。显然挠曲线是梁截面位置 x 的函数。

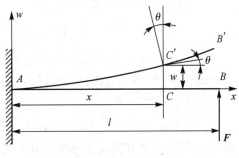

图 7 - 27 挠曲线

7.4.2 挠度和转角

注意观察梁在 xw 平面内的弯曲变形,可以发现梁的各横截面都在该平面内发生线位移和角位移。考察距左端为 x 处的任一截面,该截面的形心既有垂直方向的位移,又有水平方向的位移。但在小变形的前提下,水平方向的位移很小,可忽略不计,因而可以认为截面的形心只在垂直方向有线位移 CC'。这样,梁的变形可用梁轴线上一点(即横截面的形心)的线位移和横截面的角位移表示。

轴线上任一点在垂直于 x 轴方向的位移,即挠曲线上相应点的纵坐标,称为该截面的挠度,用 w 表示。这样,梁的挠曲线方程可表示为

$$w = w(x) \tag{7-11}$$

梁弯曲变形后,横截面仍然保持为平面,且仍垂直于变形后的梁轴线,只是绕中性轴发生了一个角位移,此角位移称为该截面的转角,用 θ 表示。过 C' 点作一切线,切线与 x 轴的夹角即等于横截面的转角,在工程中,通常转角很小,因此有

$$\theta \approx \tan\theta = \frac{\mathrm{d}w}{\mathrm{d}x} \tag{7-12}$$

上式表明,横截面的转角等于挠曲线在该截面处切线的斜率。

挠度和转角的符号随所选定的坐标系而定。在图 7-27 所示坐标系中,向上的挠度为正,反之为负,单位为 m 或 mm;逆时针转向的转角为正,反之为负,单位为弧度(rad)。

7.4.3 求弯曲变形的两种方法

1. 积分法

通过研究,得到挠曲线的近似微分方程为

$$\frac{\mathrm{d}^2 w}{\mathrm{d}x^2} = \frac{M(x)}{EI} \tag{7-13}$$

上式为挠曲线的近似微分方程,是研究弯曲变形的基本方程式。式中,EI 称为梁的抗弯刚度。解微分方程可得挠曲线方程和转角方程,从而求得任一横截面的挠度和转角。

对等截面梁,EI 是常量,将微分方程积分一次可得转角方程

$$\theta = \frac{\mathrm{d}w}{\mathrm{d}x} = \frac{1}{EI}\int M(x)\,\mathrm{d}x + C \tag{7-14}$$

再积分一次得挠曲线方程

$$w = \frac{1}{EI}\iint M(x)\,\mathrm{d}x\mathrm{d}x + Cx + D \tag{7-15}$$

式中,C、D 是积分常数,可利用连续条件和边界条件(即梁上某些截面的已知位移和转角)确定。例如,在铰支座处,挠度等于零;在固定端处,挠度和转角均等于零。

2. 叠加法

叠加法是工程上常采用的一种比较简便的计算方法。在小变形且材料服从胡克定律的前提下,梁的挠度和转角均与梁上载荷成线性关系。所以,梁上某一载荷所引起的变形可以看作是独立的,不受其他载荷影响,于是可以将梁在几个载荷共同作用下产生的变形看成是各个载荷单独作用时产生的变形的代数叠加。这就是计算梁的弯曲变形的叠加原理。

用叠加法计算梁的变形时,需已知梁在简单载荷作用下的变形,表7-2列出了梁在简单载荷作用下的变形,用叠加法时可直接查用。

表 7 - 2　梁在简单载荷作用下的变形

序号	梁的简图	挠曲线方程	梁端面转角（绝对值）	最大挠度（绝对值）
1		$w = -\dfrac{M_e x^2}{2EI}$	$\theta_B = \dfrac{M_e l}{EI}(\frown)$	$w_B = \dfrac{M_e l^2}{2EI}(\downarrow)$
2		$w = -\dfrac{M_e x^2}{2EI}$ $0 \leqslant x \leqslant a$ $w = -\dfrac{M_e a}{EI}\left[(x-a)+\dfrac{a}{2}\right]$ $a \leqslant x \leqslant l$	$\theta_B = \dfrac{M_e a}{EI}(\frown)$	$w_B = \dfrac{M_e a}{EI}\left(l-\dfrac{a}{2}\right)(\downarrow)$
3		$w = -\dfrac{Fx^2}{6EI}(3l-x)$	$\theta_B = \dfrac{Fl^2}{2EI}(\frown)$	$w_B = \dfrac{Fl^3}{3EI}(\downarrow)$
4		$w = -\dfrac{Fx^2}{6EI}(3a-x)$ $0 \leqslant x \leqslant a$ $w = -\dfrac{Fa^2}{6EI}(3x-a)$ $a \leqslant x \leqslant l$	$\theta_B = \dfrac{Fa^2}{2EI}(\frown)$	$w_B = \dfrac{Fa^2}{6EI}(3l-a)(\downarrow)$
5		$w = -\dfrac{qx^2}{24EI}(x^2-4lx+6l^2)$	$\theta_B = \dfrac{ql^3}{6EI}(\frown)$	$w_B = \dfrac{ql^4}{8EI}(\downarrow)$
6		$w = -\dfrac{M_e x}{6lEI}(l^2-x^2)$	$\theta_A = \dfrac{M_e l}{6EI}(\frown)$ $\theta_B = \dfrac{M_e l}{3EI}(\frown)$	$w_{\max} = \dfrac{M_e l^2}{9\sqrt{3}EI}(\downarrow)$ $x = \dfrac{1}{\sqrt{3}}$ $w_{\frac{1}{2}} = \dfrac{M_e l}{16EI}(\downarrow)$
7		$w = \dfrac{M_e x}{6lEI}(l^2-3b^2-x^2)$ $0 \leqslant x \leqslant a$ $w = \dfrac{M_e}{6lEI}[-x^2+3l(x-a)^2 +(l^2-3b^2)x]$ $a \leqslant x \leqslant l$	$\theta_A = \dfrac{M_e}{6lEI}(l^2-3b^2)(\frown)$ $\theta_B = \dfrac{M_e}{6lEI}(l^2-3a^2)(\frown)$ $\theta_C = \dfrac{M_e}{6lEI}(3a^2+3b^2-l^2)$ $(\frown)$	

序号	梁的简图	挠曲线方程	梁端面转角（绝对值）	最大挠度（绝对值）
8		$w=-\dfrac{Fx}{48EI}(3l^2-4x^2)$ $0\leqslant x\leqslant\dfrac{l}{2}$	$\theta_A=\dfrac{Fl^2}{16EI}(\curvearrowleft)$ $\theta_B=\dfrac{Fl^2}{16EI}(\curvearrowright)$	$w=\dfrac{Fl^3}{48EI}(\downarrow)$
9		$w=-\dfrac{Fbx}{6lEI}(l^2-x^2-b^2)$ $0\leqslant x\leqslant a$ $w=-\dfrac{Fb}{6lEI}\Big[\dfrac{1}{b}(x-a)^3$ $+(l^2-b^2)x-x^3\Big]$ $a\leqslant x\leqslant l$	$\theta_A=\dfrac{Fab(l+b)}{6lEI}(\curvearrowleft)$ $\theta_B=\dfrac{Fab(l+a)}{6lEI}(\curvearrowright)$	$w_{\max}=\dfrac{Fb(l^2-b^2)^{\frac{3}{2}}}{9\sqrt{3}lEI}$ $(\downarrow)$ $x=\sqrt{\dfrac{l^2-b^2}{3}}(a\geqslant b)$ $w_{\frac{l}{2}}=\dfrac{Fb(3l^2-4b^2)}{48EI}$ $(\downarrow)$
10		$w=-\dfrac{qx}{24EI}(l^3-2lx^2+x^3)$	$\theta_A=\dfrac{ql^3}{24EI}(\curvearrowleft)$ $\theta_B=\dfrac{ql^3}{24EI}(\curvearrowright)$	$w=\dfrac{5ql^4}{384EI}(\downarrow)$
11		$w=\dfrac{Fax}{6lEI}(l^2-x^2)$ $0\leqslant x\leqslant l$ $w=-\dfrac{F(x-l)}{6EI}\big[a(3x-l)$ $-(x-l)^2\big]$ $l\leqslant x\leqslant(l+a)$	$\theta_A=\dfrac{Fal}{6EI}(\curvearrowright)$ $\theta_B=\dfrac{Fal}{3EI}(\curvearrowright)$ $\theta_C=\dfrac{Fa}{6EI}(2l+3a)(\curvearrowright)$	$w_c=\dfrac{Fa^2}{3EI}(l+a)(\downarrow)$
12		$w=-\dfrac{M_ex}{6lEI}(x^2-l^2)$ $0\leqslant x\leqslant l$ $w=-\dfrac{M_e}{6EI}(3x^2-4xl+l^2)$ $l\leqslant x\leqslant(l+a)$	$\theta_A=\dfrac{M_el}{6EI}(\curvearrowleft)\ \theta_B=\dfrac{M_el}{3EI}(\curvearrowright)$ $\theta_C=\dfrac{M_e}{3EI}(l+3a)(\curvearrowright)$	$w_C=\dfrac{M_ea}{6EI}(2l+3a)(\downarrow)$
13		$w=\dfrac{qa^2}{12EI}\Big(lx-\dfrac{x^3}{l}\Big)$ $0\leqslant x\leqslant l$ $w=-\dfrac{qa^2}{12EI}\Big[\dfrac{x^3}{l}-$ $\dfrac{(2l+a)(x-l)^3}{al}$ $+\dfrac{(x-l)^4}{2a^2}-lx\Big]$ $l\leqslant x\leqslant(l+a)$	$\theta_A=\dfrac{qa^2l}{12EI}(\curvearrowleft)$ $\theta_B=\dfrac{qa^2l}{6EI}(\curvearrowright)$ $\theta_C=\dfrac{qa^2}{6EI}(l+a)(\curvearrowright)$	$w_C=\dfrac{qa^3}{24EI}(3a+4l)(\downarrow)$ $w_1=\dfrac{qa^2l^2}{18\sqrt{3}EI}(\uparrow)$ $x=\dfrac{1}{\sqrt{3}}$

【例 7 - 13】 如图 7 - 28 所示的悬臂梁,抗弯刚度为 EI,集中载荷 F,求 $w(x)$、$\theta(x)$ 及 $w_{max}(x)$、$\theta_{max}(x)$。

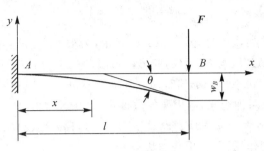

图 7 - 28 悬臂梁简图

解:弯矩方程为

$$M(x) = -F(l-x)$$

挠曲线近似微分方程为

$$EIw'' = M(x) = -F(l-x) = Fx - Fl$$

积分得

$$EIw' = \frac{F}{2}x^2 - Flx + C \quad \text{(a)}, \quad EIw = \frac{F}{6}x^3 - \frac{Fl}{2}x^2 + Cx + D \quad \text{(b)}$$

边界条件为

$$x = 0, w_A = 0$$
$$x = 0, \theta_A = w'_A = 0$$

将边界条件代入(a)、(b)两式中,可得 $C = 0$ 及 $D = 0$。

故

$$\begin{cases} EIw' = EI\theta = \frac{F}{2}x^2 - Flx \\ EIw = \frac{F}{6}x^3 - \frac{Fl}{2}x^2 \end{cases} \Rightarrow \begin{cases} \theta_B = \theta_{max} = -\frac{Fl^2}{2EI} \\ w_B = w_{max} = -\frac{Fl^3}{3EI} \end{cases}$$

【例 7 - 14】 试用叠加法求图 7 - 29(a)所示梁 A 截面的挠度与 B 截面的转角,EI 为已知。

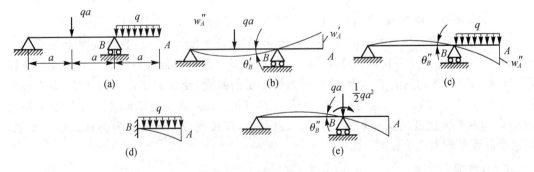

图 7 - 29 求梁的挠度与转角

解:将梁的载荷分为两种载荷,单独作用的情况如图 7 - 29(b)、(c)所示。

① 在 qa 单独作用时,图 7 - 29(b)所示,查手册可得

$$\theta'_B = \frac{qa(qa)^2}{16EI} = \frac{qa^3}{4EI}$$

$$w'_A = \theta'_B \cdot a = \frac{qa^4}{4EI}$$

② 在均布载荷 q 单独作用时,图 7-29(c)所示,为求 θ''_B 与 w''_A,可利用图 7-29(d)、(e)两种情况,即分别考虑 AB 段与 BC 段的变形。由图 7-29(e),查手册得

$$\theta''_B = [(-qa^2/2)2a]/3EI = -(qa^3)/(3EI)$$

由图 7-29(d)、(e)两种情况,应用叠加法得

$$w''_A = -qa^4/8EI - qa^4/3EI = -(11qa^4)/(24EI)$$

③ 在两种载荷共同作用下,应用叠加法得

$$\theta_B = \theta'_B + \theta''_B = \frac{qa^3}{4EI} - \frac{qa^3}{3EI} = -\frac{qa^3}{12EI}$$

$$w_A = w'_A + w''_A = \frac{qa^4}{4EI} - \frac{11qa^4}{24EI} = -\frac{5qa^4}{24EI}$$

7.4.4　梁的刚度校核

计算梁的变形,目的在于对梁进行刚度计算,以保证梁在外力的作用下,因弯曲变形产生的挠度和转角必须在工程允许的范围之内,即满足刚度条件

$$w_{max} \leqslant [w] \tag{7-16}$$
$$\theta_{max} \leqslant [\theta] \tag{7-17}$$

式中,$[w]$、$[\theta]$ 分别为构件的许用挠度和许用转角。对于各类受弯构件的 $[w]$、$[\theta]$,可从工程手册中查到。

7.5　提高梁弯曲强度和刚度的措施

7.5.1　合理安排梁的受力情况

1. 合理布置支承位置

承受均布载荷的简支梁如图 7-30(a)所示,最大弯矩值为 $ql^2/8$,最大挠度为 $w = 5ql^4/384EI$。若将两端支承各向内侧移动 $2l/9$(见图 7-30(c)),则最大弯矩降为 $2ql^2/81$(见图 7-30(d)),前者约为后者的 5 倍,同时因缩短了梁的跨度,使梁的变形大大减小,最大挠度降为 $w = 0.11ql^4/384EI$。若增加中间支承(见图 7-30(e))则最大弯矩减为 $ql^2/32$,是原来的 1/4,同时最大挠度减至原来的 1/40。也就是说,仅仅改变一下支承的位置或增加支承,可将梁的承载能力成倍提高。

2. 合理配置载荷

如图 7-31(a)所示为一受集中力作用的简支梁。集中力 F 作用于中点时,其最大弯矩为 $Fl/4$(见图 7-31(b)),最大挠度为 $Fl^3/48EI$。若将集中力 F 移至离支承 $l/6$ 处,则最大弯矩降为 $5Fl/36$(见图 7-31(c)、(d)),最大挠度降为 $Fl^3/324EI$,梁的最大弯矩与最大挠度

都显著降低。又若将集中力分到两处(见图 7 - 31(e)、(f)),最大弯矩与最大挠度同样将大大降低。

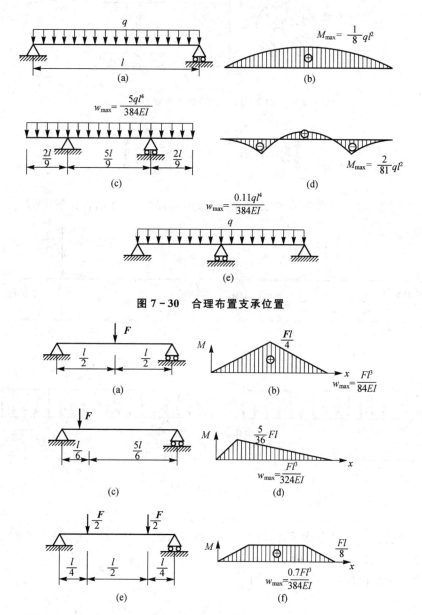

图 7 - 30　合理布置支承位置

图 7 - 31　合理配置载荷

7.5.2　合理选择梁的截面形状

梁的强度和弯曲刚度都与梁截面的惯性矩有关,选择惯性矩较大的截面形状能有效提高梁的强度和刚度。

在面积相同的情况下(见图 7 - 32),工字形、槽形、T 形截面比矩形截面有更大的惯性矩,圆形截面的惯性矩最小。所以工程中常见的梁多为工字形、T 形等。

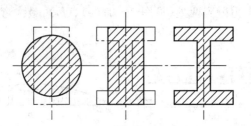

图 7 - 32　梁的截面形状

7.6　习　题

7-1　试作出题 7-1 图中各梁的弯矩图，求出其 $|M|_{max}$，并加以比较说明。

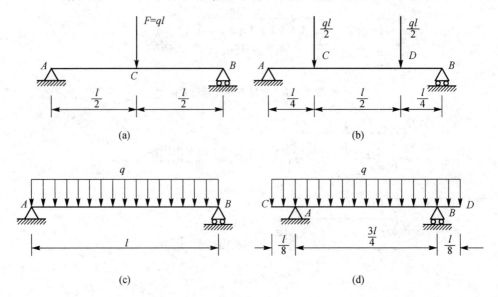

(a)　　　　　　　　(b)

(c)　　　　　　　　(d)

题 7-1 图

7-2　悬臂梁受力及截面尺寸如题 7-2 图所示，设 $q=60$ kN/m，$F=100$ kN。试求

(1) 梁 1—1 截面上 A、B 两点的正应力；

(2) 整个梁横截面上的最大正应力。

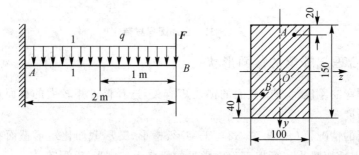

题 7-2 图

7-3　简支梁受力如题 7-3 图所示,梁为圆截面,其直径 $d=40$ mm,求梁横截面上的最大正应力。

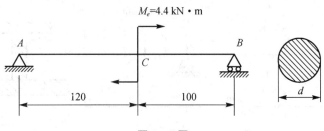

题 7-3 图

7-4　一单梁桥式吊车如题 7-4 图所示,梁为 No28b 工字钢制成,材料的许用正应力 $[\sigma]=140$ MPa。试确定电葫芦和起吊重量的总和。

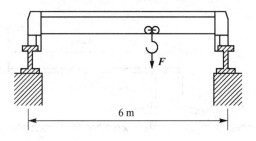

题 7-4 图

7-5　一矩形截面梁如题 7-5 图所示。已知:$F=2$ kN,横截面的高度比 $h/b=3$;材料的许用正应力 $[\sigma]=8$ MPa,试选择横截面的尺寸。

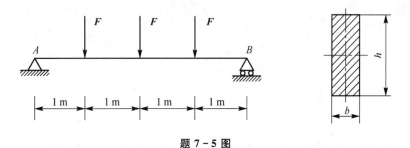

题 7-5 图

7-6　伸梁受力如题 7-6 图所示,梁为 T 型截面。已知:$q=10$ kN/m,材料的许用正应力 $[\sigma]=160$ MPa,试确定截面尺寸。

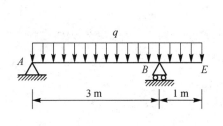
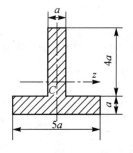

题 7-6 图

7-7 如题 7-7 图所示,梁的材料为铸铁,已知:许用拉应力$[\sigma_t]=40$ MPa,许用压应力$[\sigma_c]=100$ MPa,截面对中性轴的惯性矩 $I_z=10^3$ cm^4。试校核其正应力强度。

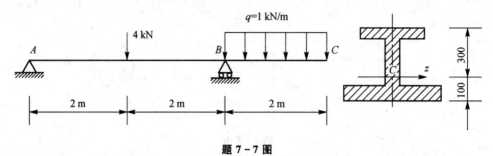

题 7-7 图

7-8 如题 7-8 图所示的剪刀机构的 AB 与 CD 杆的截面均为圆形,材料相同,许用应力$[\sigma]=100$ MPa,设 $F=200$ N。试确定 AB 与 CD 杆直径。

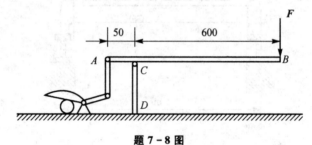

题 7-8 图

第8章　组合变形及压杆稳定

本章要点

● 理解组合变形的概念及处理方法。

● 掌握拉伸或压缩与弯曲的组合的计算。

● 掌握扭转与弯曲的组合变形的计算。

● 掌握压杆稳定的概念及临界力的确定。

● 掌握压杆稳定计算及提高压杆稳定性的措施。

8.1　组合变形和叠加原理

1. 组合变形

物件同时发生两种或两种以上基本变形的情况称为组合变形。例如图 8 - 1 所示的车刀工作时、钻机中的钻杆工作时、齿轮轴工作时等情况。

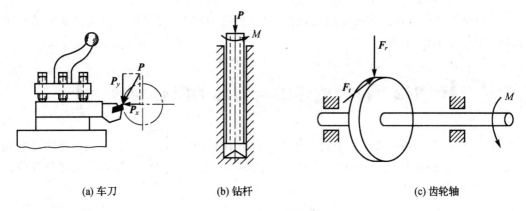

(a) 车刀　　　　　　　　(b) 钻杆　　　　　　　　(c) 齿轮轴

图 8 - 1　组合变形实例

2. 叠加原理

如果内力、应力、变形等与外力成线性关系,则在小变形条件下,复杂受力情况下组合变形构件的内力、应力、变形等力学响应可以分成几个基本变形单独受力情况下相应力学响应的叠加,且与各单独受力的加载次序无关。

3. 前提条件

① 线弹性材料,加载在弹性范围内,即服从胡克定律;

② 必须是小变形,保证能按构件初始形状或尺寸进行分解与叠加计算,且能保证与加载次序无关。

如图 8 - 2 所示的纵横弯曲问题,横截面上的内力(见图 8 - 2(b))为 $N=P$,则

$$M(x) = qlx/2 - qx^2/2 + Pw(x)$$

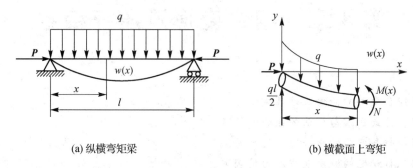

(a) 纵横弯矩梁　　　　　　　　(b) 横截面上弯矩

图 8－2　纵横弯曲问题

可见当挠度(变形)较大时,弯矩中与挠度有关的附加弯矩不能略去。虽然梁是线弹性的,弯矩、挠度与 P 的关系却仍为非线性的,因而不能用叠加法。除非梁的刚度较大,挠度很小,轴力引起的附加弯矩可略去。

4. 叠加法的主要步骤

① 将组合变形按基本变形的加载条件或相应内力分量分解为几种基本变形。

② 根据各基本变形情况下的内力分布,确定可能危险面。

③ 根据危险面上相应内力分量画出应力分布图,由此找出可能的危险点;根据叠加原理,得出危险点应力状态。

④ 根据构件的材料选取强度理论,由危险点的应力状态,写出构件在组合变形情况下的强度条件,进而进行强度计算。

8.2　拉伸或压缩与弯曲的组合变形

图 8－3(a)所示的钻床立柱受到钻孔进刀力 P 作用,P 与立柱轴线平行,但不通过立柱横截面形心,此立柱承受偏心载荷。实质上,向轴心简化之后,立柱受到轴向拉伸与弯曲的组合变形(见图 8－3(b))。

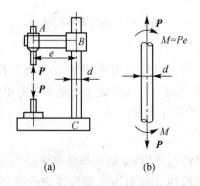

(a)　　　　　(b)

图 8－3　钻床立柱

图 8－4 所示的旋臂式起重机横梁 AB 在横向力(F、F_{Ay}、F_{Ty})作用下产生弯曲,同时在

轴向力($F_{Ax}=F_{Tx}$)作用下产生压缩,这是压缩与弯曲组合变形的例子。

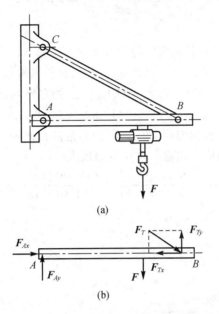

图 8 - 4 旋臂式起重机横梁

由于拉伸或压缩和弯曲变形在横截面上产生的都是正应力,可以按代数和进行叠加。拉伸或压缩和弯曲变形横截面上的总应力为:

$$\sigma = \sigma' + \sigma'' = \frac{F_N}{A} + \frac{M_{max}}{W_z} \tag{8-1}$$

由上式得到拉伸与弯曲组合变形时构件的强度条件:

$$\sigma_{max} = \frac{F_N}{A} + \frac{M_{max}}{W_z} \leqslant [\sigma] \tag{8-2}$$

由上式得到压缩与弯曲组合变形时构件的强度条件:

$$\sigma_{max} = \left| \frac{F_N}{A} - \frac{M_{max}}{W_z} \right| \leqslant [\sigma] \tag{8-3}$$

【例 8 - 1】 如图 8 - 3 所示的钻床立柱,已知:$P=15$ kN、$e=300$ mm,许用拉应力$[\sigma_t]$ $=32$ MPa,试设计立柱的直径 d。

解:将力 P 向立柱轴线简化,立柱承受拉伸和弯曲两种基本变形,任意横截面上的轴力和弯矩为

$$F_N = P = 15 \text{ kN}, M = Pe = 4.5 \text{ kN} \cdot \text{m}$$

横截面上与 F_N 对应的拉应力均匀分布:

$$\sigma' = \frac{P}{A} = \frac{4P}{\pi d^2}$$

横截面上与 M 对应的弯曲正应力按线性分布:

$$\sigma'' = \frac{M}{W_z} = \frac{32Pe}{\pi d^3}$$

两种应力叠加后应满足强度条件

$$\sigma = \sigma' + \sigma'' = \frac{4P}{\pi d^2} + \frac{32Pe}{\pi d^3} \leqslant [\sigma_l] \Rightarrow \frac{4 \times 15 \times 10^3 \text{ N}}{\pi d^2} + \frac{32 \times 15 \times 10^3 \text{ N} \times 300 \text{ mm}}{\pi d^3} \leqslant 32 \text{ MPa}$$

$$\Rightarrow d = 114 \text{ mm}$$

【例 8 – 2】 图 8 – 5(a)所示起重机的最大吊重 $F = 12$ kN,许用应力$[\sigma] = 100$ MPa,横梁 AB 为 16 号工字钢,$W_z = 141$ cm^3,$A = 26.1$ cm^2,试校核横梁 AB 的强度。

解: 根据横梁 AB 的受力图(见图 8 – 5(b)),由平衡方程可得

$$\sum M_A = 0, F_{Cy} = 18 \text{ kN}, F_{Cx} = 24 \text{ kN}$$

作弯矩图(见图 8 – 5(c))和轴力图(见图 8 – 5(d)),危险截面为 C 点左侧截面。按弯压组合强度条件,可知 C 点左侧截面下边缘各点压应力最大

$$\sigma_{C\max} = \frac{F_N}{A} + \frac{M_{\max}}{W_z} = \frac{24 \times 10^3 \text{ N}}{26.1 \times 10^2 \text{ mm}^2} + \frac{12 \times 10^3 \times 10^3 \text{ m}}{141 \times 10^3 \text{ mm}^3} = 94.3 \text{ MPa} < [\sigma]$$

强度满足要求。

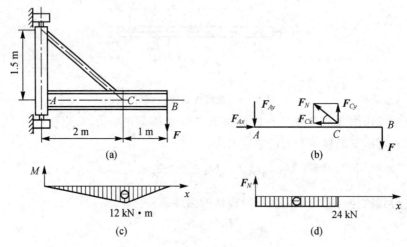

图 8 – 5 校核横梁的强度

8.3 扭转与弯曲的组合变形

扭转与弯曲的组合变形常发生在皮带传动轴、铣床变速箱轴、电动机轴外伸段,如图 8 – 6 所示。

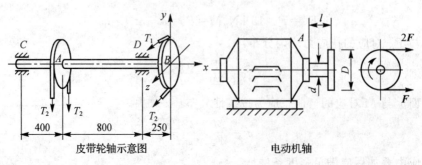

图 8 – 6 扭转与弯曲的组合变形实例

以图 8-7 所示的圆截面杆为主要研究对象,讨论扭弯组合的强度计算。设直径为 d 的等直圆杆,A 端固定,B 端有与 AB 成直角的刚臂,并承受铅垂力 F 的作用。将 F 向 AB 杆右端截面形心 B 简化,得到横向力 F 和力偶矩 $M=Fa$。可得 AB 发生弯曲与扭转的组合变形。作弯矩图 8-7(c) 和扭矩图 8-7(d),可知危险截面为固定端截面:

$$M=Fl, T=Fa$$

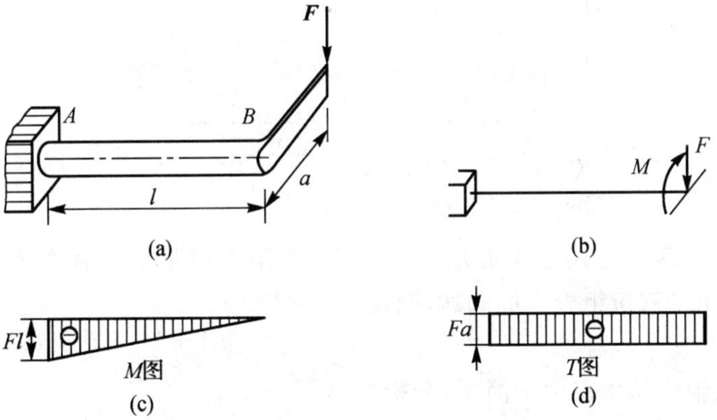

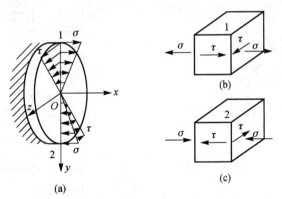

图 8-7 扭弯组合的强度计算分析

由弯曲和扭转的应力变化规律可知,危险截面上的 1 点和 2 点有最大弯曲正应力和最大扭转切应力,为危险点,如图 8-8(a) 所示。

$$\sigma=\frac{M}{W_z}=\frac{Fl}{W_z}, \tau=\frac{T}{W_n}=\frac{Fa}{W_n}$$

对于许用拉、压应力相等的塑性材料制成的杆,1 点和 2 点的危险程度是相同的。

围绕 1 点取单元体,如图 8-8 所示,可见 1 点处于平面应力状态,其三个主应力为:

图 8-8 单元体上的应力

$$\left.\begin{array}{c}\sigma_1\\\sigma_3\end{array}\right\}=\frac{\sigma}{2}\pm\sqrt{\left(\frac{\sigma}{2}\right)^2+\tau^2}, \sigma_2=0$$

由第三强度理论建立强度条件

$$\sigma_{xd3}=\sigma_1-\sigma_3=\sqrt{\sigma^2+4\tau^2}\leqslant[\sigma] \tag{8-4}$$

由第四强度理论建立强度条件

$$\sigma_{xd4}=\sqrt{\frac{1}{2}\left[\left(\sigma_1-\sigma_2\right)^2+\left(\sigma_2-\sigma_3\right)^2+\left(\sigma_3-\sigma_1\right)^2\right]}=\sqrt{\sigma^2+3\tau^2}\leqslant[\sigma] \qquad (8-5)$$

对于圆轴有

$$\sigma=\frac{M}{W_z},\tau=\frac{T}{W_n},\ W_n=2W_z$$

将上代入式(8-4)、式(8-5)得

$$\sigma_{xd3}=\sqrt{\left(\frac{M}{W_z}\right)^2+4\left(\frac{T}{W_n}\right)^2}=\frac{\sqrt{M^2+T^2}}{W_z}\leqslant[\sigma] \qquad (8-6)$$

$$\sigma_{xd4}=\sqrt{\left(\frac{M}{W_z}\right)^2+3\left(\frac{T}{W_n}\right)^2}=\frac{\sqrt{M^2+0.75T^2}}{W_z}\leqslant[\sigma] \qquad (8-7)$$

注意：

(8-4)、(8-5)两式适用于平面应力状态，而不用考虑是由何种变形引起的；(8-6)、(8-7)两式仅适用于弯扭组合下的圆截面杆。

解题步骤：

① 将外力向轴线简化得力学简图，分析变形。

② 作内力图，分析危险截面，即 T、M 较大的截面。

③ 应用强度条件式(8-6)、式(8-7)进行校核。

【例8-3】 齿轮轴 AB 如图8-9(a)所示。已知齿轮1、2的节圆直径为 $D_1=50$ mm，$D_2=130$ mm。在齿轮1上，作用有切向力 $F_y=3.83$ kN，径向力 $F_z=1.393$ kN，在齿轮2上，作用有切向力 $F_y'=1.473$ kN，径向力 $F_z'=0.536$ kN。轴的直径 $d=25$ mm，材料为45号钢，许用应力$[\sigma]=180$ MPa。试按第三强度理论校核轴的强度。

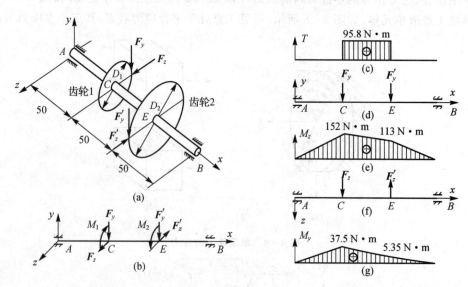

图8-9 校核轴的强度

解：将各力向轴线简化，得轴的计算简图(见图8-9(b))：

$$M_1=\frac{F_yD_1}{2}=95.8\ \text{N}\cdot\text{m} \qquad\qquad M_2=\frac{F_y'D_2}{2}=95.8\ \text{N}\cdot\text{m}$$

可见，M_1、M_2 使轴扭转，作出扭矩图如图 8−9(c)所示；F_y、F'_y 引起 xy 平面内的弯曲，如图 8−9(d)所示，作出弯矩图 M_z 如图 8−9(e)所示；F_z、F'_z 引起 xz 平面内的弯曲如图 8−9(f)所示，作出弯矩图 M_y 如图 8−9(g)所示。对于圆截面轴，包含轴线的任一平面都是纵向对称面，所以，把同一横截面上的两个弯矩 M_y、M_z 按矢量合成后，合成弯矩 M 的作用平面仍然是纵向对称面，如图 8−10 所示，仍可按对称弯曲计算弯曲正应力。

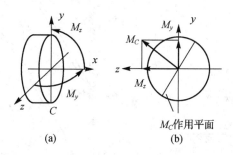

(a)　　　　　　　　　　(b)

图 8 − 10　合成弯矩

最大合成弯矩在 C 截面

$$M_C = \sqrt{M_y^2 + M_z^2} = \sqrt{37.5^2 + 152^2} \ \text{N} \cdot \text{m} = 157 \ \text{N} \cdot \text{m}$$

在 CE 段内各横截面上的扭矩相同，所以 C 截面的右侧是危险截面，扭矩为 $T = 95.8 \ \text{N} \cdot \text{m}$。

由第三强度理论的强度条件得

$$\sigma_{xd3} = \frac{\sqrt{M_C^2 + T^2}}{W_z} = \frac{32}{\pi d^3} \sqrt{M_C^2 + T^2} = 120 \ \text{MPa} < [\sigma]$$

轴 AB 符合强度要求。

8.4　压杆稳定的概念

前面讨论轴向压缩时，认为满足压缩强度条件即可保证构件安全工作。这一结论对于细长杆件不再适用，当细长杆受压时，在应力远远低于极限应力时，会因突然产生显著的弯曲变形而失去承载能力。例如，活塞连杆机构中的连杆、凸轮机构中的顶杆、支承机械的千斤顶（见图 8−11）、托架中的压杆（见图 8−12）等。当压力超过一定数值后，在外界微小的扰动下，其直线平衡形式将转变为弯曲形式，从而使杆件或由之组成的机器丧失正常功能。这是一种区别于强度失效与刚度失效的又一种失效形式，称为"稳定失效"。它和强度、刚度问题一样，在机械或其零部件的设计中占有重要地位。

细长压杆在力 P 作用下处于直线形状的平衡状态（见图 8−13(a)），受外界（水平力 Q）干扰后，杆经过若干次摆动，仍能回到原来的直线形状平衡位置（见图 8−13(b)），杆原来的直线形状的平衡状态称为稳定平衡。若受外界干扰后，杆不能恢复到原来的直线形状而在弯曲形状下保持新的平衡（见图 8−13(c)），则杆原来的直线形状的平衡状态称为非稳定平衡。压杆的稳定性问题，就是针对受压杆件能否保持它原来的直线形状的平衡状态而言的。

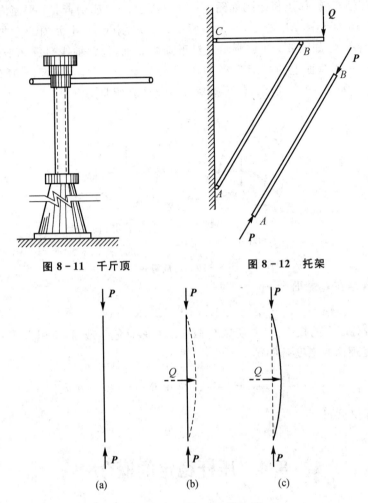

图 8-11　千斤顶　　　　　图 8-12　托架

图 8-13　压杆稳定的概念

（a）　　　　　　（b）　　　　　　（c）

通过上面的分析不难看出,压杆能否保持稳定,与压力 P 的大小有着密切的关系。随着压力 P 的逐渐增大,压杆就会由稳定平衡状态过渡到非稳定平衡状态。这就是说,轴向压力的量变,必将引起压杆平衡状态的质变。压杆从稳定平衡过渡到非稳定平衡时的压力称为**临界力**或称**临界载荷**,以 F_{cr} 表示。显然,当压杆所受的外力达到临界值时,压杆即开始丧失稳定。由此可见,掌握压杆临界力的大小,是解决压杆稳定问题的关键。

8.5　临界力的确定

8.5.1　欧拉公式

当作用在压杆上的压力大小等于临界力时,受到干扰力作用后杆将变弯。在杆的变形不大,杆内应力不超过比例极限的情况下,根据弯曲变形的理论,由挠曲线的近似微分方程

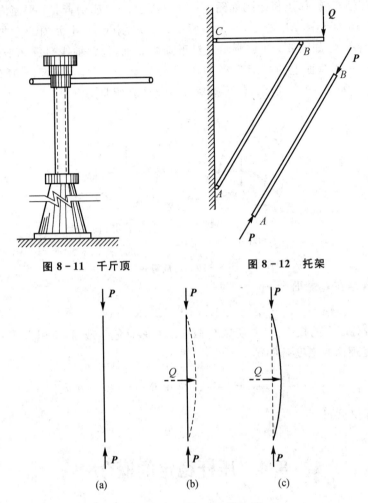

式,求出临界力的大小为

$$F_{cr} = \frac{\pi^2 EI}{(\mu l)^2} \qquad (8-8)$$

上式称为**欧拉公式**。式中,I 为杆横截面对中性轴的惯性矩;μ 为与支承情况有关的**长度因数**,其值见表 8-1;l 为杆的长度,而 μl 称为**相当长度**。

由式(8-8)可以看出,临界载荷与材质的种类、截面的形状和尺寸、杆件的长度和两端的支承情况等方面的因素有关。

表 8-1 压杆长度因数

支承情况	两端铰支	一端固定 一端铰支	两端固定	一端固定 一端自由
μ 值	1.0	0.7	0.5	2
挠曲线形状				

8.5.2 临界应力

压杆在临界力作用下横截面上的应力称为**临界应力**,用 σ_{cr} 表示。

根据临界力的欧拉公式可以求得临界应力为

$$\sigma_{cr} = \frac{F_{cr}}{A} = \frac{\pi^2 EI}{A(\mu l)^2}$$

式中,A 为压杆的横截面面积。令 $i^2 = I/A$ 代入上式,则

$$\sigma_{cr} = \frac{\pi^2 EI}{A(\mu l)^2} = \frac{\pi^2 E}{\left(\dfrac{\mu l}{i}\right)^2} = \frac{\pi^2 E}{\lambda^2} \qquad (8-9)$$

式中,i 称为截面的**惯性半径**;$\lambda = \mu l / i$ 称为压杆的柔度,也称为压杆的**长细比**,是量纲为一的量。从式中可以看出,λ 值越大,则杆件越细长,杆越易丧失稳定性,其临界力越小;λ 值越小,则杆件越短粗,杆越不易丧失稳定性,其临界力越大。所以柔度 λ 是压杆稳定计算的一个重要参数。

8.5.3 欧拉公式的适用范围

因为欧拉公式是在材料服从胡克定律的条件下推导出来的,故必须在临界应力小于比例极限的条件下欧拉公式才能适用,即

$$\sigma_{cr} = \frac{\pi^2 E}{\lambda^2} \leqslant \sigma_p$$

由此可求得对应比例极限的柔度 λ_p

$$\lambda_p = \pi\sqrt{\frac{E}{\sigma_p}}\qquad(8-10)$$

显然,用 λ_p 表示欧拉公式的适用范围为 $\lambda \geqslant \lambda_p$,这类杆称为大柔度杆或细长杆。$\lambda_p$ 的值取决于材料的性质,见表 8 - 2。

表 8 - 2　几种常用材料的 a、b、λ_s 和 λ_p

材　料	a/MPa	b/MPa	λ_p	λ_s
Q235 钢	310	1.14	100	60
45 钢	589	3.82	100	60
铸铁	338.7	1.483	80	
木材	29.3	0.194	110	40

8.5.4　中、小柔度杆的临界应力

对于不能应用欧拉公式计算临界应力的压杆,即压杆内的工作应力大于比例极限但小于屈服极限(塑性材料)时,可应用在实验基础上建立的经验公式。经验公式有直线公式和抛物线公式等。其中直线公式比较简单,应用方便,公式为

$$\sigma_{cr} = a - b\lambda\qquad(8-11)$$

式中,a 和 b 是与材料性质有关的常数,见表 8 - 2。

式(8 - 11)的适用范围,对于塑性材料制成的压杆,要求其临界应力不得超过材料的屈服极限,即

$$\sigma_{cr} = a - b\lambda < \sigma_s$$

或

$$\lambda > (a - \sigma_s)/b$$

对应屈服极限的柔度 λ_s

$$\lambda_s = (a - \sigma_s)/b$$

所以式(8 - 11)的适用范围为

$$\lambda_s < \lambda < \lambda_p$$

λ_s 的值见表 8 - 2。

一般将柔度值介于 λ_s 和 λ_p 之间的压杆称为中柔度杆或中长杆,柔度小于 λ_s 的压杆称为小柔度杆或短粗杆。

综上分析,可将各类柔度压杆临界应力计算公式归纳如下:

对于细长杆($\lambda \geqslant \lambda_p$),用欧拉公式

$$\sigma_{cr} = \frac{\pi^2 E}{\lambda^2}$$

对于中长杆($\lambda_s < \lambda < \lambda_p$),用经验公式

$$\sigma_{cr} = a - b\lambda$$

对于短粗杆($\lambda \leqslant \lambda_s$),用压缩强度公式

$$\sigma_{cr} = \sigma_s$$

【例 8-4】 有一长 $l = 300$ mm，截面宽 $b = 6$ mm、高 $h = 10$ mm 的压杆。两端铰接，压杆材料为 Q235 钢，$E = 200$ GPa，试计算压杆的临界应力和临界力。

解: ① 求惯性半径 i

对于矩形截面，如果失稳必在刚度较小的平面内产生，故应求最小惯性半径

$$i_{min} = \sqrt{\frac{I_{min}}{A}} = \sqrt{\frac{hb^3}{12} \times \frac{1}{bh}} = \frac{b}{\sqrt{12}} = \frac{6}{\sqrt{12}} \text{ mm} = 1.732 \text{ mm}$$

② 求柔度 λ

$$\lambda = \mu l / i, \mu = 1,$$

故

$$\lambda = 1 \times 300/1.732 = 519 > \lambda_p = 100$$

③ 用欧拉公式计算临界应力

$$\sigma_{cr} = \frac{\pi^2 E}{\lambda^2} = \frac{\pi^2 20 \times 10^4}{(173.2)^2} = 65.8 \text{ MPa}$$

④ 计算临界力

$$F_{cr} = \sigma_{cr} \times A = 65.8 \times 6 \times 10 = 3\,948 \text{ N} = 3.95 \text{ kN}$$

8.6 压杆稳定的计算

根据临界力的概念可知，要使压杆不丧失稳定，必须使其轴向压力小于临界力。在实际工程中，还需考虑压杆应有必要的稳定性储备，因此，压杆的稳定性条件为

$$F \leqslant \frac{F_{cr}}{n_{st}} \tag{8-12}$$

式中，F 为实际工作压力；F_{cr} 为压杆的临界力；n_{st} 为规定的**稳定安全因数**。

若把临界力 F_{cr} 和工作压力 F 的比值称为压杆的工作安全因数，可以得到用安全因数表示的压杆稳定性条件

$$n = \frac{F_{cr}}{F} \geqslant n_{st} \tag{8-13}$$

或以应力表示

$$n = \frac{\sigma_{cr}}{\sigma} \geqslant n_{st} \tag{8-14}$$

用式(8-13)和式(8-14)校核压杆稳定性的方法称为**安全因数法**。

【例 8-5】 图 8-11 所示的千斤顶，若丝杆长度 $l = 375$ mm，直径 $d = 40$ mm，材料为 45 钢，最大起重量 $P = 80$ kN，规定的稳定安全因数 $n_{st} = 4$，试校核丝杆的稳定性。

解: ① 计算柔度。

丝杆可简化为下端固定，上端自由的压杆，故长度因数 $\mu = 2$，惯性半径为

$$i=\sqrt{\frac{I}{A}}=\sqrt{\frac{\frac{\pi d^4}{64}}{\frac{\pi d^2}{4}}}=\frac{d}{4}=\frac{40}{4}=10 \text{ mm}$$

故 $$\lambda=\mu l/i=2\times 375/10=75$$

② 计算临界力。

因 $\lambda_s=60<\lambda<\lambda_p=100$,故丝杆属于中长杆,用经验公式计算临界应力。查表 8-2 得：$a=589 \text{ MPa}, b=3.82 \text{ MPa}$,则

$$\sigma_{cr}=a-b\lambda=589-3.82\times 75=302.5 \text{ MPa}$$
$$F_{cr}=\sigma_{cr}A=302.5\times \pi\times 40^2/4=381\times 10^3 \text{ N}$$

③ 校核压杆的稳定性

$$n=\frac{F_{cr}}{F}=\frac{381}{80}=4.76\geqslant n_{st}=4$$

所以此千斤顶丝杆是稳定的。

8.7 提高压杆稳定性的措施

8.7.1 稳定计算的重要意义

由于受压杆件的失稳而使整个结构发生坍塌,这不仅会造成物质上的巨大损失,而且还会危及人的生命。早在 19 世纪末,瑞士的一座铁路桥在一列客车通过时,由于桥桁架中的压杆失稳,致使桥发生灾难性坍塌,大约有 200 人遇难。加拿大和俄国的一些铁路桥梁也曾因压杆失稳而造成灾难性事故。

1983 年 10 月 4 日,地处北京的某科研楼建筑工地的钢管脚手架距地面 5~6 m 处突然外弓,刹那间,这座高达 54.2 m、长 17.25 m、总重 56.54 吨的大型脚手架轰然坍塌,造成 5 人死亡、7 人受伤,脚手架所用建筑材料大部分报废,直接经济损失 4.6 万元,工期推迟一个月。现场事故调查结果表明,脚手架结构本身存在缺陷,例如,脚手架支承在未经清理和夯实的地面上,致使某些竖杆受到较大的轴向压力;竖杆之间的横杆距离太远,而两横杆之间的长度相当于压杆长度;而且横杆与竖杆的联结也不坚固等。这些因素都大大降低了脚手架中压杆的临界载荷,从而导致部分杆丧失稳定而使结构坍塌。

8.7.2 提高压杆承载能力的措施

为提高压杆的承载能力,必须综合考虑杆长、支承、截面的合理性以及材料性能等诸因素的影响,应从 $\lambda=\mu l/i$ 着手。

1. 尽量减小压杆杆长

对于细长杆,其临界力与杆长平方成反比。因此,减小杆长可以显著提高杆的承载能力。在某些情况下,通过改变结构或增加支点,可以减小杆长,从而达到提高压杆乃至整个结构的承载能力的目的。

2. 增加支承刚性

支承的刚性越大,压杆的长度因数值越小,临界力越大。例如,将两端铰支的压杆变成两端固定约束时,临界力将以数倍增加。

3. 合理选择截面形状

当压杆两端在各个方向的挠曲平面内,具有相同约束条件时(例如球铰约束),压杆将在刚度最小的主轴平面内失稳。这种情形下,如果只增加截面某个方向的惯性矩(例如只增加矩形截面高度),并不能明显提高压杆的承载能力。最经济的办法,是将截面设计成中空的,且截面对于各轴的惯性矩相同。据此,在横截面积一定的条件下,正方形或圆形截面比矩形截面效果好;空心正方形或圆管形截面比实心截面好。

4. 合理选用材料

在其他条件相同的情形下,选用弹性模量较大的材料可以提高大柔度压杆的承载能力。例如,钢制压杆的临界力大于铜、铸铁或铝制压杆的临界力。但是,普通碳素钢、合金钢以及高强度钢的弹性模量相差不大,因此,对于细长杆,选用高强钢,对提高压杆临界力意义不大,反而造成材料的浪费。对于粗短杆或中长杆,其临界力与材料的比例极限、屈服极限以及 a、b 值有关,这时选用高强钢会使压杆临界力有所提高。

8.8 习 题

8-1 如题 8-1 图所示,一梁 AB 的跨度为 6 m,梁上铰接一桁架,力 $F=10$ kN 平行于梁轴线且作用于桁架 E 点。若梁的横截面为 100 mm×200 mm 的矩形,试求梁内的最大拉应力。

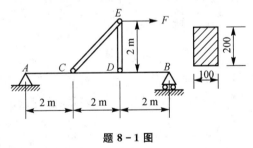

题 8-1 图

8-2 曲拐圆形部分的直径 $d=30$ mm,受力如题 8-2 图所示。若杆的许用应力 $[\sigma]=100$ MPa,试按第三强度理论校核此杆的强度。

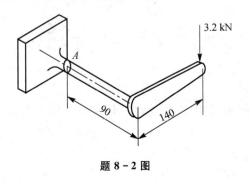

题 8-2 图

8-3 如题8-3图所示,轴上装有两个轮子,一轮轮缘上受力 F 作用,另一轮上绕一绳,绳端悬挂一重 $G=6$ kN 的物体。若此轴在力 F 和 G 作用下处于平衡状态,轴的许用应力 $[\sigma]=60$ MPa,试按第三强度理论设计轴的直径。

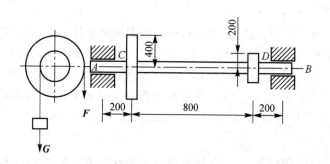

题 8-3 图

8-4 如题8-4图所示为圆轴 AB,在轴的右端联轴器上作用有一力偶 M。已知: $D=500$ mm, $F_1=2F_2=8$ kN, $d=90$ mm, $a=500$ mm, $[\sigma]=50$ MPa,试按第四强度理论设计准则校核圆轴的强度。

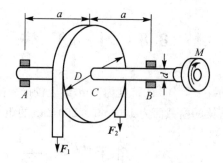

题 8-4 图

8-5 如题8-5图所示为圆轴,已知: $F_1=5$ kN, $F_2=2$ kN, $a=200$ mm, $b=60$ mm, $d=100$ mm, $D=160$ mm, $\alpha=20°$, $[\sigma]=80$ MPa,按第三强度理论设计轴的直径。

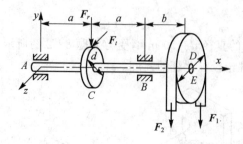

题 8-5 图

8-6 如题8-6图所示,在梁的中点处 C 作用有一铅直力 $F=25$ kN。试计算梁的最大正应力。

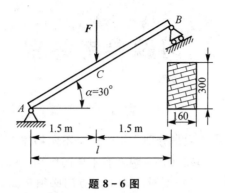

题 8 - 6 图

8 - 7　如题 8 - 7 图所示，转轴 AB 由电动机带动，在轴的中点 C 处安装一皮带轮。已知：带轮直径 $D = 400$ mm，皮带紧边拉力 $F_{t1} = 6$ kN，松边拉力 $F_{t2} = 3$ kN，轴承间距离 $l = 800$ mm，轴材料为钢，许用应力 $[\sigma] = 120$ MPa。试按第三强度理论确定轴 AB 的直径 d。

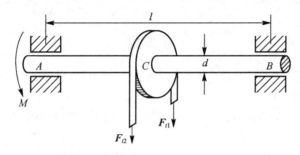

题 8 - 7 图

8 - 8　如题 8 - 8 图所示，横梁 AB 的截面为矩形，尺寸如图。竖杆 CD 的截面为圆形，其直径 $d = 20$ mm，在 C 处用铰链连接。材料为 Q235 钢，规定的稳定安全因数 $n_{st} = 3$。若测得 AB 梁最大弯曲应力 $\sigma = 140$ MPa，试校核 CD 杆的稳定性。

8 - 9　蒸汽机车的连杆如题 8 - 9 图所示，截面为工字形，材料为 Q235 钢，连杆承受的最大轴向压力为 465 kN。连杆在摆动平面（xy 平面）内发生弯曲时，两端可视为铰支；而在与摆动平面垂直的 xz 平面内发生弯曲时，两端可认为是固定支座。试确定其工作安全因数。

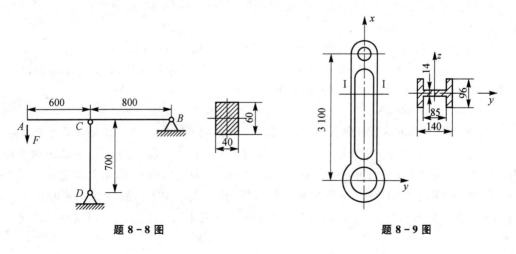

题 8 - 8 图　　　　　　　　题 8 - 9 图

习题参考答案

第 1 章

1-1 (1)作用力与反作用力是分别作用于两个不同物体上的一对力;而平衡力则是在同一物体上的一对等值、反向、共线的力,两者有本质的区别。(2)不能。力的可传性只能适用于同一刚体内部。(3)不能。(4)不对。两个力方向必须在二力作用点的连线上。(5)约束反力的方向总是与该约束所能限制的运动或运动趋势的方向相反。(6)前者是矢量表达式,后者是代数表达式。(7)(b)表示 F_3 是 F_1 和 F_2 的合力;(c)表示 F_3 与 F_1 和 F_2 的合力平衡。

1-2~1-4 略

第 2 章

2-1 (a)$F_{RX}=-676.93$ N(向左)、$F_{RY}=-779.29$ N(向下)、$F_R=1032.2$ N、$\alpha=49.02°$(指向第三象限);

(b)$F_{RX}=-346.6$ N(向左)、$F_{RY}=-181.8$ N(向下)、$F_R=407.4$ N、$\alpha=26.5°$(指向第三象限)。

2-2 ① $F_{RX}=12.3$ kN,$F_{RY}=-1.19$ kN(向下)、$F_R=12.4$ kN、$\alpha=5.53°$(指向第四象限);

② $\alpha=61.73°$(指向第一象限)。

2-3 (a)$F_{AC}=-3.15$ kN(受压)、$F_{AB}=-0.41$ kN(受压);(b)$F_{AC}=-3942.4$ N(受压)、$F_{AB}=557$ N(受拉)。

2-4 (a) $M_O(F)=0$;(b)$M_O(F)=Fl\sin\beta$;(c)$M_O(F)=Fl\sin\theta$;(d) $M_O(F)=-F\times a$(逆时针);(e)$M_O(F)=F\times(l+r)$;(f)$M_O(F)=F(a^2+b^2)^{1/2}\sin\alpha$。

2-5 ① $M_D(F)=-88.8$ kN·m(顺时针);② $F_{CX}=-394.7$ N(向左);③ $F_C=-279.17$ N(指向左下方)。

2-6 (a)$M_O(F)=-75.18$ N·m(顺时针);(b) $M_O(F)=8$ N·m。

2-7 (a) $F_A=-2.25$ kN(向下);$F_B=2.25$ kN(向上);(b)$F_{AX}=2.5$ kN;$F_{AY}=-2.5$ kN(向下);$F_B=3.54$ kN(指向左上方)。

2-8 $F_{AN}=100$ kN。

2-9 $F_{AX}=0.683$ kN(向右);$F_{AY}=1.183$ kN(向上);$F_{BT}=0.707$ kN(沿绳索方向)。

2-10 (a) $F_A=qa/3$(向上),$F_B=qa/3$(向上);(b) $F_A=-qa$(向下),$F_B=2qa$(向上);(c) $F_A=qa$(向上),$F_B=2qa$(向上);(d) $F_A=11qa/6$(向上),$F_B=13qa/6$(向上);(e) $F_A=2qa$(向上),$M_A=-7qa^2/2$(顺时针);(f) $F_A=3qa$(向上),$M_A=3qa$(逆时针);(g)$F_A=2qa$(向右);$F_{BX}=-2qa$(向左);$F_{BY}=qa$(向上);(h) $F_{AX}=0$;$F_{AY}=qa$(向上);$F_B=0$。

2-11 $l_{AB} \geqslant 25.2$ m。

2-12 $G_P = 7.4$ kN。

2-13   (a) $F_A = F_C = F_D = F/2 = qa/2$；$F_B = F = qa$。

(b) $F_A = -3qa/2$（向下）；$F_B = 3qa$；$F_C = F_D = qa/2$。

(c) $F_A = F_B = 3qa/2$；$F_C = -qa/2$（向下）；$M_A = 3qa^2/2$。

(d) $F_A = 0$；$F_B = qa$；$F_C = qa$；$M_C = -3qa^2$（顺时针）。

2-14 $F_{AX} = -4F/3$（向左）；$F_{AY} = F/2$；$F_{BX} = F/3$；$F_{BY} = F/2$。

2-15 $W_1 = aW_2/l$。

2-16 $F_X = (W\tan\theta)/2$；$F_Y = (W - W_1)/2$；$M = (l - d)(2W - W_1)/8$。

2-17   静止；$F_f = 98$ N。

2-18   上升时，$F_T = 26.06$ N；下降时，$F_T = 20.92$ N。

第 3 章

3-1 $F_{1x} = 0$，$F_{1y} = 0$，$F_{1z} = 6$ kN；$F_{2x} = -\sqrt{2}$ kN，$F_{2y} = \sqrt{2}$ kN，$F_{2z} = 0$；$F_{3x} = 4\sqrt{3}/3$ kN，$F_{3y} = -4\sqrt{3}/3$ kN，$F_{3z} = 4\sqrt{3}/3$ kN。

3-2 $F_x = 353.55$ N；$F_y = -353.55$ N；$F_z = -866.03$ N；$M_x(F) = -258.8$ N·m；$M_y(F) = 965.9$ N·m；$M_z(F) = -500$ N·m。

3-3 $M_y(F) = -10$ N·m。

3-4 $F_{BD} = F_{AD} = -26.39$ kN（压杆）；$F_{CD} = 33.46$ kN（拉杆）。

3-5 $F_A = 8.35$ kN；$F_B = 78.35$ kN；$F_C = 43.3$ kN。

3-6 $F_2 = 2.19$ kN；$F_{AX} = -2.01$ kN；$F_{AZ} = 0.376$ kN；$F_{BX} = -1.77$ kN；$F_{BZ} = -0.152$ kN。

3-7 $X_C = 90$ mm（距左端）；$Y_C = 0$（在上下对称轴上）。

3-8 $F_3 = 4\,000$ N；$F_4 = 2\,000$ N；$F_{AX} = -6\,375$ N；$F_{AZ} = -2\,598.1$ N；$F_{BX} = -4\,125$ N；$F_{BZ} = 7\,794.2$ N。

3-9 $F_{t2} = 14.32$ kN；$F_{AY} = 8.46$ kN；$F_{AZ} = -5.19$ kN；$F_{BX} = 2.6$ kN；$F_{BY} = -20.18$ kN；$F_{BZ} = 2.55$ kN。

第 4 章

4-1   (a)1杆应选用低碳钢。由受力分析知：杆1受拉，杆2受压，低碳钢的抗拉强度高于铸铁，故选用低碳钢。杆2选用铸铁，因铸铁抗压强度高，故选用铸铁。(b)由受力分析知：杆1受拉，杆2受压，故杆1选用低碳钢。杆2选用铸铁。理由同(a)。

4-2   (b)中杆的中段截面积小，故它们的变形不同，(b)的变形大。

4-3   杆1强度大，杆2刚度大，杆3塑性好。

4-4   (a)$F_{N1} = F$，$F_{N2} = -F$；(b) $F_{N1} = F$，$F_{N2} = 0$，$F_{N3} = 2F$；(c) $F_{N1} = -2$ kN，$F_{N2} = 2$ kN，$F_{N3} = -4$ kN；(d) $F_{N1} = -5$ kN，$F_{N2} = 102$ kN，$F_{N3} = -10$ kN。

4-5 $F_{N1} = -800$ N，$F_{N2} = -12.4$ kN。

4-6 $F_{N1} = -20$ kN，$F_{N2} = -10$ kN，$F_{N3} = 10$ kN；$\sigma_1 = -100$ MPa，$\sigma_2 = -33.3$ MPa，

$\sigma_3 = 25$ MPa。

4－7　①$\sigma_{AB} = 61.6$ MPa；②$\sigma_{max} = 123$ MPa。

4－8　2 倍。

4－9　$F = 20$ kN，$\sigma_{max} = 15.9$ MPa。

4－10　$\varepsilon = \Delta l / l = 30/500 = 0.06$；$\sigma = 160$ MPa；$F = \sigma \cdot A = 502$ N。

4－11　$x = 1.08$ m；$\sigma_1 = 44$ MPa，$\sigma_2 = 33$ MPa。

4－12　$\sigma = 71.5$ MPa$<[\sigma]$，故安全。

4－13　$d_{钢} \geqslant 27$ mm，$d_{木} \geqslant 165$ mm。

第 5 章

5－1　略

5－2　$d/h = 2.4$。

5－3　$d \geqslant 50$ mm。

5－4　$t_{max} \geqslant 10.4$ mm，$d \geqslant 34$ mm。

5－5　$F_{max} = 321$ N

5－6　剪切强度条件：$\sigma_b = F_s / A_s$　　$\tau_b = 105.7$ MPa$<[\tau]$

由挤压强度条件：$\sigma_{bs} = F_{bs}/A_{bs}$　　$\sigma_{bs} = 141.2$ MPa$<[\sigma_{bs}]$

5－7　$P \geqslant 177$ N，$\tau = 17.6$ MPa。

5－8　$F_s \cdot D = T$、$F_s = T/30$

由剪切强度条件：$\tau_b = F_s/A_s$、$F_s = \tau_b A_s$、$T = 30 \times 360 \times \pi \times 6^2 / 4 = 305$ N·m

第 6 章

6－1　(a) $M_1 = 3$ kN·m，$M_2 = 1$ kN·m；(b) $M_1 = -2$ kN·m，$M_2 = 8$ kN·m，$M_3 = 4$ kN·m。

6－2　略

6－3　$\tau_{max} = 25.46$ MPa，$\varphi_{CA} = 1.27 \times 10^{-3}$ rad。

6－4　$[P] = 13.78$ kW。

6－5　$\tau_{AB max} = 17.9$ MPa$<[\tau]$，安全；$\tau_{H max} = 17.5$ MPa$<[\tau]$，安全；$\tau_{C max} = 16.6$ MPa$<[\tau]$，安全。

6－6　$\tau_{AC max} = 37.7$ MPa；$\tau_{CB max} = 47$ MPa；$\tau_{CB内} = 31.3$ MPa。

6－7　$\tau_{1 max} = 78.5$ MPa，$\tau_{2 max} = 43.3$ MPa，$\tau_{3 max} = 82.5$ MPa。

6－8　$\tau_{max} = 19.2$ MPa$<[\tau]$，安全。

6－9　①$d_1 \geqslant 84.6$ mm，$d_2 \geqslant 74.5$ mm；②$d \geqslant 84.6$ mm；③主动轮 1 放在从动轮 2、3 之间比较合理。

第 7 章

7 - 1 略

7 - 2 $\sigma_A = 254$ MPa，$\sigma_B = -162$ MPa，$\sigma_{max} = 853$ MPa，$\tau_{max} = 22$ MPa

7 - 3 $\sigma_{max} = 20.4$ MPa

7 - 4 $F \leqslant 49.8$ kN

7 - 5 $b = 70$ mm，$h = 210$ mm

7 - 6 $a = 21.2$ mm

7 - 7 B 截面：上边缘处有最大拉应力，为：$\sigma_{maxlB} = 60$ MPa $< [\sigma_l] = 40$ MPa 不安全；下边缘处有最大压应力，为：$\sigma_{maxyB} = 20$ MPa $< [\sigma_y] = 100$ MPa 安全；D 截面：上边缘处有最大压应力，为：$\sigma_{maxyD} = 90$ MPa $< [\sigma_y] = 100$ MPa 安全；下边缘处有最大拉应力，为：$\sigma_{maxlD} = 30$ MPa $< [\sigma_l] = 40$ MPa 安全。

7 - 8 $d_{AB} = 24$ mm，$d_{CD} = 6$ mm

第 8 章

8 - 1 10.5 MPa 拉应力。

8 - 2 $\sigma_{xd3} = 200.92$ MPa 强度不够。

8 - 3 $d = 66$ mm。

8 - 4 $\sigma_{xd4} = 42.83$ MPa 强度足够。

8 - 5 $d \geqslant 40.7$ mm 取 $d = 42$ mm。

8 - 6 8.07 MPa 压应力。

8 - 7 $d \geqslant 54.4$ mm 取 $d = 55$ mm。

8 - 8 $n = 3.22 > n_{st} = 3$；CD 杆稳定

8 - 9 安全因素 $n = 3.27$

参 考 文 献

[1] 张秉荣,章剑青. 工程力学[M]. 北京:机械工业出版社,1996.

[2] 陈位宫. 工程力学[M]. 北京:高等教育出版社,2000.

[3] 范钦珊. 理论力学[M]. 北京:高等教育出版社,2000.

[4] 党锡康. 工程力学[M]. 南京:东南大学出版社,1994.

[5] 邱家骏. 工程力学[M]. 北京:机械工业出版社,2000.

[6] 田书泽. 工程力学[M]. 北京:机械工业出版社,2002.

[7] 刘思俊. 工程力学[M]. 北京:机械工业出版社,2004.

[8] 杜建根. 工程力学[M]. 北京:机械工业出版社,2005.

[9] 王亚双. 工程力学[M]. 北京:机械工业出版社,2005.

[10] 周玉丰. 机械设计基础[M]. 北京:机械工业出版社,2008.